不懂感恩，再优秀也难以成功

陈云强　王真◎编著

懂得感恩的人，激发心灵深处的真、善、美，忘记了烦恼，实现快乐的生命旅程，才是生活中的强者。

捻人间最明媚的一抹朝阳，于心灵陌上，开一朵感恩之花馥郁芬芳！

感恩，唤醒了内心的驱动力，孕育了责任感，工作中时刻怀着一颗感恩的心，用爱心对待他人，你就能够自觉而出色地做好自己的每件事。

企业管理出版社
ENTERPRISE MANAGEMENT PUBLISHING HOUSE

图书在版编目（CIP）数据

不懂感恩，再优秀也难以成功／陈云强，王真编著. --北京：企业管理出版社，2016. 8

ISBN 978-7-5164-1341-8

Ⅰ. ①不… Ⅱ. ①陈…②王… Ⅲ. ①成功心理－通俗读物 Ⅳ. ①B848. 4-49

中国版本图书馆 CIP 数据核字（2016）第 212473 号

书　　名：不懂感恩，再优秀也难以成功
作　　者：陈云强　王真
责任编辑：尤颖　田天
书　　号：ISBN 978-7-5164-1341-8
出版发行：企业管理出版社
地　　址：北京市海淀区紫竹院南路 17 号　　邮编：100048
网　　址：http：//www. emph. cn
电　　话：总编室（010）68701719　发行部（010）68701816　编辑部（010）68701638
电子信箱：qyglzz@ emph. cn
印　　刷：北京柯蓝博泰印务有限公司
经　　销：新华书店
规　　格：170 毫米×240 毫米　16 开本　13. 25 印张　180 千字
版　　次：2016 年 8 月第 1 版　2016 年 8 月第 1 次印刷
定　　价：36. 80 元

PREFACE

前言

感恩，在《现代汉语词典》中的解释为：对别人所给的帮助表示感激，是对他人帮助的回报。在实际生活中，感恩有着更深刻、宽广和高格调的内蕴和涵义。感恩是处世的哲学，是生活的智慧，是美好的情感，也是道义上的净化剂、事业上的原动力和内驱力，更是人之所以高贵、之所以优秀的关键。

中华民族一直以来都是崇尚感恩、推崇感恩，视感恩为美德的民族，“滴水之恩，当涌泉相报”“知恩不报非君子”。《诗经》中有“投我以木桃，报之以琼瑶”的诗句；元代郭居敬辑录的自上古至唐宋的二十四个孝亲故事即“古代二十四孝”的故事，更是报答亲恩的经典；“结草衔环”“感恩戴德”这样的成语，无不充满着感恩的情愫。在中国，不懂感恩的人，是不值得信任、不值得尊重、得不到欢迎的人。

因此，对于职场中的我们，要学会感恩。不懂感恩，再优秀也难以成功。只有懂得了感恩，才会在自己身上生发出一系列其他优秀品质，如爱、忠诚、负责、认真、拼搏、付出、敬业等。正因为如此，企业以及整个社会都十分崇尚有感恩之心的人，都想迫切地找到有感恩之心的员工，都想与有感恩之心的人共事，都想与有感恩之心的人交心、交朋友。

感恩让我们更加珍惜眼前的一切，也让我们更加谦卑地生活，更有激情地工作。一个人有了感恩精神，比拥有其他品质更能激发工作的热情与激情。心怀感恩宛如在我们的躯体中植入了一种叫使命感的基因，它像定时闹钟一样，提醒我们应该时刻保持谦卑的心态，应该对别人充满热情，应该勇敢地承担责任。在企业中，每个人都有自己的职责和价值。只有怀着一颗感恩的心，才能更加深刻地体会到自己的职责，激发出卓越的创造力。

感恩把我们的心和所企盼的事物联系得更加紧密，感恩将使我们对生活、对一切事物心存善念，从而一生被美好的事物包围。常怀感恩之心，我们便能够生活在一个感恩的世界中，这个世界一定是非常美好的，我们的人生也会因此变得更加美好。

学会感恩，感谢生活给予你的一切。这样，你才会有一个积极的人生观，才会成功。感恩，让这个世界变得更美好、更和谐、更有凝聚力；感恩，能激发我们的潜能；懂得感恩，能提升我们的人生价值；感恩，能让我们体验到源自内心深处的幸福；感恩，正在成为越来越多的人所追求的人生理念和成功信条。

因此，作者特意编写了本书，并从九个方面详细阐述了感恩工作和生活的具体措施和方法，这是提供给员工走向事业成功最好的礼物。

陈云强

2016 年 8 月

CONTENTS

目录

第一章 感恩是生活的智慧，不懂感恩的人只会一事无成

感恩是一种颂扬生活的方式，是一个人不可磨灭的良知，是一切美好情感的基础。在日常生活、工作和学习中所得到的点点滴滴的关心与帮助，都值得我们用心去感恩。一个人如果不懂得感恩，对人对事对工作感觉麻木，那么他永远不会感到满足和快乐，他的人生道路也会越走越窄。

第二章 不懂感恩只会抱怨，再优秀的人也不可能成功

感恩是根治抱怨的良药。心存感恩的人不仅不会抱怨，还会珍惜自己的工作。他们不会计较自己在工作中得到了什么，而是更多考虑自己该为公司付出什么、奉献什么。不妨试着换一种角度，以感恩的态度来对待我们的工作，这样工作就不再成为一种负担，即便最普通的工作也会变得意义非凡。

第三章 懂得感恩才懂得负责，责任是成功的基石

认真负责是感恩的外在表现。人们只有对工作心存感恩，才能体会到对工作负责就是对自己负责的真正含义。只有心怀感恩，才能快乐工作；才能珍惜岗位，爱岗敬业，勤勤恳恳做事，踏踏实实做人；才能免除浮躁，去掉私心，不会过多地计较个人的得失，全身心地融入到集体的大家庭之中。

第四章 懂得感恩才会敬业，付出越多越容易成功

无数事实证明：成功的最短途径是勤奋。在职场中，不论我们从事何种行业，只有带着一种感恩的心态，勤奋敬业地工作，才有可能获得最大的成功！心怀感恩的人懂得用勤奋敬业来捍卫自己的职业，积极主动地去做公司需要的事，并最终成为公司的中流砥柱。

第五章 感恩企业，在企业的成功中收获自己的成功

对于员工来说，当我们踏入企业之后，就不再是企业的过客，而是企业中的一员。感恩企业，才能安心工作。只有肩负起和企业同命运的职责，与企业一同成长，才能在工作中赢得企业的赏识和重用，从而成就自己的事业！

第六章 感恩亲人，为了亲人不停向成功奔跑

亲情是人类永恒的话题，只要我们生活在世间，或者说只要我们还活着，就离不开亲情。感恩亲情能滋润人的心田，使生命之洲洒满阳光、充满生机、永不沙化。感恩亲情能使人懂得怎样善待生命，仁爱一生。没有亲人之爱的生命是荒凉的，是没有色彩的。没有亲情的呵护，人生就变得孤独和寂寞。

第七章 感恩逆境，越是逆境越能造就伟大的成功

失败和成功一样，是我们生命中必然要经历的一部分，它不过是暂时的挫折，与此同时，它也是通往成功大道的阶梯。职场中，没有人能随随便便成功，但总有人在成功。要想成功，就要有勇气穿越逆境的黑暗。付出多于常人的努力，才能见到成功的黎明。

第八章 修炼感恩之心，做一个懂得感恩的人

感恩是一颗火种，拥有一颗感恩的心，我们便拥有了打败消极的力量，用积极的心态重塑一个健康向上、勇往直前的人生。不知感恩的人，注定是个冷漠自私的人。不知关爱别人的人，纵使给他阳光，也不会放射出自身的温暖，更不配得到别人的爱。

第九章 回报恩情，成功就在感恩中降临

机会给了有准备的人，成功更多的是给了懂得感恩的人。无论做什么工作，一定要培养心存感激的习惯，这是提升自我的力量源泉。感恩让我们渐渐地在平淡的日子里发现生活的丰富和多彩；感恩让我们领悟和品味命运的馈赠与生命的跌宕；感恩让我们明白自己拥有的一切原来如此美好。

第一章　感恩是生活的智慧，不懂感恩的人只会一事无成

感恩是一种颂扬生活的方式，是一个人不可磨灭的良知，是一切美好情感的基础。在日常生活、工作和学习中所得到的点点滴滴的关心与帮助，都值得我们用心去感恩。一个人如果不懂得感恩，对人对事对工作感觉麻木，那么他永远不会感到满足和快乐，他的人生道路也会越走越窄。

1

感恩是一种崇高的精神

感恩是一种极为简单而又崇高的精神。拥有一颗感恩的心，我们便能拥有一个健康的心态；拥有一颗感恩的心，我们的人生境界就会得到升华。20 世纪 90 年代，台湾著名歌手欧阳菲菲的一首《感恩的心》红遍了华语世界。真挚的歌词、优美的旋律，让每一个听过这首歌的人都深深地记住了那充满质感的歌曲——感恩的心。直到现在，这首《感恩的心》仍然是各种慈善、赈灾晚会的主题曲。生在这个世间，我们需要感恩。

中华民族一直以来都是崇尚感恩、推崇感恩、视感恩为美德的民族，“滴水之恩，当涌泉相报”“知恩不报非君子”，《诗经》中有“投我以木桃，报之以琼瑶”的诗句；元代郭居敬辑录的自上古至唐宋的二十四个孝亲故事即“古代二十四孝”故事，更是报答亲恩的经典；“结草衔环”“感恩戴德”这样的成语，无不充满着感恩的情愫。感恩，在《现代汉语词典》中的解释为：对别人所给的帮助表示感激，是对他人帮助的回报。在中国，不懂感恩的人是不值得信任、不值得尊重、得不到欢迎的人。

其实不独中国，甚至全人类都是一样，都把感恩视为重要的处世智慧和生活哲学。在牛津字典中感恩的定义是：“乐于把得到好处的感激呈现出来且回馈他人。”由此可见，在欧美文化中，感恩也是重要的人文内容。

在今天的美国人心目中，感恩节比圣诞节还要重要。在感恩节期间，散居在他乡的家人，都会赶回家过节。此外，美国人一年中最重视的一餐，就是感恩节这一天的晚宴，这已经成为了全国性的习俗。感恩节是每年11月的最后一个星期四，据说它来自于1620年著名的“五月花”号。当年这艘船满载不堪忍受英国国内宗教迫害的清教徒到达了北美洲。寒冬腊月，他们遭遇了难以想象的困难，处在饥寒交迫之中。冬天过去了，活下来的移民已经为数不多了。这时，善良的印第安人给移民们送来了生活必需品，还特地派人教他们怎样狩猎、捕鱼和种植玉米、南瓜。在印第安人的帮助下，移民者们终于获得了丰收。在欢庆丰收的日子，按照传统习俗，移民者们确定了感谢上帝的日子，并决定为感谢印第安人的真诚帮助，邀请他们一同庆祝节日。在第一个感恩节的当天，印第安人和移民者们欢聚一堂，他们在黎明时鸣放礼炮，列队走进一间被当作教堂的屋子，虔诚地向上帝表达谢意，然后点起篝火举行盛大宴会。第一个感恩节举办得非常成功，其中许多庆祝方式流传了下来，一直保留到今天。每年到了感恩节这一天，美国举国上下非常热闹，人们按照习俗前往教堂做感恩祷告，城乡市镇到处都有化装游行、戏剧表演或体育比赛等。辛苦奔波了一年的亲人们也会从天南海北归来，一家人团团圆圆，品尝美味的感恩节火鸡。在感恩节的夜晚，家家户户都大摆筵席，食物非常丰盛。在节日的餐桌上，上至总统，下至平民，火鸡和南瓜饼都是必备的食物。这两种“珍品”体现了美国人民回忆先民艰难开拓的经历，追思第一个感恩节的情怀。

“感恩”是因为我们生活在这个世界上，所有的一切包括一草一木，都对我们有恩情。感恩作为社会文化的一部分，无论是人伦教化，还是矫正人们的心态，净化人们的心灵，它都是一剂良方。感恩是处世的哲学，是生活的智慧，是美好的情感，也是道义上的净化剂、事业上的原动力和内驱力，更是人之所以高贵、之所以优秀的关键。

感恩是一种态度，一种情怀，一种追求，一种崇高的精神。感恩可以升华平凡的心灵，也可以造就高尚的生命。成功学家安东尼说：“成功的第一步就是先存有一颗感恩之心，时时对自己的现状心存感激，同时也要对别人为自己所做的一切怀有敬意和感恩之情。”只有对生活充满感恩，才能打造我们幸福美好的生活。带着感恩之心工作，你会收获更大的成功。

★★★★★

在一个闹饥荒的城市，一个家境殷实且心地善良的面包师把城里最穷的几十个孩子聚集到一块儿，然后拿出一个盛有面包的篮子，对他们说：“这个篮子里的面包你们一人一个。在上帝带来好光景以前，你们每天都可以来拿一个面包。”瞬间，这些饥饿的孩子一窝蜂似的涌了上来，他们围着篮子推来挤去大声叫嚷着，谁都想拿到最大的面包。当他们拿到了面包后，大多数孩子并没有向这位好心的面包师说声谢谢就走了。但是有一个叫依娃的小女孩却例外，她既没有同大家一起吵闹，也没有与其他人争抢。她只是谦让地站在一步以外，等别的孩子都拿到以后，才把剩在篮子里最小的一个面包拿起来。之后她并没有急于离去，而是向面包师表示了感谢，并亲吻了面包师的手后才向家走去。第二天，面包师又把盛面包的篮子放到了孩子们面前，其他孩子依旧如昨日一样疯抢着，羞怯、可怜的依娃只得到一个比第一天还小一半的面包。当她回到家请妈妈切开面包，许多崭新、发亮的银币掉了出来。依娃妈妈焦急地叫道：“快把钱送回去，一定是面包师揉面的时候不小心揉进去的！赶快去，依娃，赶快去！”当依娃拿着钱回到面包师那里，并把妈妈的话告诉面包师的时候，面包师慈爱地说：“不，我的孩子，是我把银币放进小面包里的，我要奖励你。愿你永远保持现在这样一颗感恩的心。回家去吧，告诉你妈妈，这些钱是你的了。”她激动地跑回了家，告诉了妈妈这个令人兴奋的消息。这便是她的感恩之心得到的回报。

感恩是一种崇高的精神。一个心存感恩的人是全天下最富有的人，而一个不知道心存感恩的人，即使家财万贯，也只能是个“贫穷”的人。感恩不仅仅是为了报恩，因为有些恩泽是我们无法回报的，有些恩情更不是等量回报就能一笔还清的，唯有用纯真的心灵去感激、去铭记，才能真正对得起给予你恩惠的人们。所以，感恩是一种比报恩更崇高的精神境界。

2

成功的人都有一颗感恩的心

在一次企业家交流论坛上，一位听众请教某位成功的企业家：“你觉得你成功吗？你成功的秘诀是什么？”这位企业家微笑着说：“我今天能够在这里听你的问题，我觉得我很成功。我成功没有秘诀，我只有一颗感恩的心，感谢你今天的提问让我的演讲更成功。”

是的，如此心存感恩，懂得感恩才会明白，自己的每一点成功都源于感恩，越懂得感恩越容易成功。我们看到那些成功的人，无一不具有一颗感恩的心。

蒙牛的成功，被董事长牛根生总结为“因为感恩”。牛根生本身就是一个深谙感恩而成功的人。蒙牛集团有这样一组数据：销售收入从1999年的0.37亿元飙升至2003年的40.7亿元，后者是前者的110倍，年平均发展速度高达323%，在中国乳制品企业中的排名由第1116位上升为第2位，创造了自诞生的1000多天里平均一天超越一个乳品企业的营销奇迹。

是感恩文化缔造了“蒙牛速度”。感恩文化孕育和激发了蒙牛员工的责任心，责任心驱动了执行力，执行力制造了业绩，业绩创造了价值，价值催生了利润，利润保证了发展，发展又为企业凝聚了更多的资源和机会，更好的发展和更强大的实力使蒙牛能够为客户、员工、社会提供更好的回报……一切源于感恩，又回归于感恩，这就形成了蒙牛的“感恩—责任—财富”的价值循环。

蒙牛根据自己的企业文化，精心设计了每年的两个独特节日：7月19日的“学习节”——将学习成果与半年工作成果总结相结合的一次团队分享共赢的节日；11月份最后一个周五的“感恩节”——蒙牛将这一天作为一个特别重要的节日，对蒙牛的合作者、支持者和消费者进行真诚答谢和感恩活动。

牛根生认为，经营人心是蒙牛的终极目标，而感恩之心则是蒙牛文化的灵魂。蒙牛举办感恩节的目的是：关注员工的健康，提高他们生活的质量，营造心灵之间的感动，实现蒙牛人的伟大使命。牛根生曾说过，什么是中国人最深层的文化呢？那就是一颗真诚的感恩之心。“以蒙牛事业为己任，不以蒙牛利益为己有”源自对员工的感恩；“提供绿色乳品，传播健康理念”源自对消费者的感恩；“市场在变，诚信永远不变”源自对客户的感恩；“财散人聚，财聚人散”源自对股东的感恩；“关注环保，回报社会”源于对社会的感恩；“98%的品牌是文化，98%的矛盾是误会”源自蒙牛企业整个价值链条之间的相互感恩。

2003 年，为抗击“非典”，蒙牛捐款捐奶总计 1200 万元；捐助赤峰地震灾区，蒙牛将价值 30 万元的 10000 箱蒙牛纯牛奶直接送到灾民手中；温情教师节，蒙牛牛奶大派送，向全国 17 个省（市）的 120 多万名教职工赠送了牛奶……

2004 年 11 月，在蒙牛感恩节上，牛根生曾经说过这么一段感人肺腑的话：“亲爱的新员工，当你漫步在绿草如茵的厂区时，你是否想过老员工创业之初的艰辛和内心所承受的压力？面对他们，我们是否应该真诚地道一声谢谢？尊敬的老员工，你为蒙牛的发展立下了汗马功劳，然而你注意过新员工的目光中对你含有多少厚望、感恩和尊敬吗？面对他们，我们是否应该真诚地道一声谢谢？所有的蒙牛新老员工，当我们专心专注地学习、工作、成长的时候，是否应该向我们的父母、儿女、妻子与丈夫真诚地道一声谢谢？当蒙牛产品深受消费者欢迎，在市场上供不应求的时候，我们是否应该向蒙牛的供应商、经销商及帮助与支持蒙牛事业的所有朋友鞠躬致谢？”

蒙牛怀着一颗深厚的感恩之心，凭借感恩的企业文化拥有了一流的生产工艺技术，这是蒙牛成功的本质和蒙牛可持续发展的源泉，也是牛根生成功的秘诀。

★★★★★

成功的人都有一颗感恩的心！越是成功的人，越懂得感恩！不论是中国古代的伟人大哲，还是当代世界的名人巨贾，感恩正是他们共同拥有的品质。

★★★★★

在一次学术报告后，一名记者问伟大的物理学家霍金先生：“霍金先生，卢伽雷氏症已经将你永久固定在轮椅上，你难道不认为命运太残酷了吗？”

霍金先生的脸上充满微笑，他用仅能活动的三根手指，艰难地叩击键盘后，显示屏上显示："不，我感谢命运！"

所有人都有些吃惊，记者再问："你不抱怨命运，反而是感谢？为什么？"

霍金先生再次艰难地敲击后，显示屏上出现了五句话："我的手指还能活动，我的大脑还能思考，我有终生追求的理想，我有爱我和我爱着的亲人与朋友，我还有一颗感恩的心！"

整个会场爆发出雷鸣般的掌声。

三根手指和一个能思考的大脑是霍金身上少有的能动的部位，这个人生的斗士，这个智慧的英雄，人生至此，他的心中却除了感恩还是感恩！

感恩是成功的第一步，感恩之心是一粒美妙的种子。当我们用感恩的心来看这个世界时，就会觉得我们是多么富有！树上小鸟的轻唱，路旁花朵的芳香，甚至一片阳光，一阵清风，一块绿茵都会让我们心旷神怡，体验到自然与生命的美丽。

据说，在法国一个偏僻的小镇上，有一个特别灵验的水泉，可以医治百病。有一天，一个拄着拐杖，少了一条腿的退伍军人，一跛一跛地走过镇上的马路。旁边的镇民带着同情的口吻说："可怜的家伙，难道他要向上帝祈求再给他一条腿吗？"这句话被退伍军人听到了，他转过身对他们说："我不是要向上帝祈求有一条新的腿，而是感谢上帝为我留下了一条好腿，我还能用这条腿干我能干的事情！"

拥有感恩的心才能获得生活的回报。像那位退伍军人一样，接纳所失去的，感激所拥有的，你就会更加热爱自己和他人的生命，更加珍惜现在所拥有的一切。感恩犹如心灵的泉水，它滋润心田，使其免于干涸；它近在咫尺，唾手可得，让我们的生命充满生机，洋溢着朝气。

程序员史蒂文斯在一家软件公司干了八年，正当他干得得心应手时，公司倒闭了。这时，又恰逢他的第三个儿子刚刚降生，他必须马上找到新的工作。

有一家软件公司招聘程序员，待遇很不错，史蒂文斯信心十足地去应聘了。凭着过硬的专业知识，他轻松地过了笔试。两天后就要参加面试，他对此充满了信心。可是面试时，考官提的问题是关于软件未来发展方向的，他从来没考虑过这方面的问题，于是被淘汰了。

不过这家公司对软件产业的理解让他耳目一新。他给公司写了一封感谢信："贵公司花费人力物力，为我提供笔试、面试的机会，我虽然落败了，但长了很多见识。感谢你们的劳动，谢谢！"这封信经过层层传阅，后来被送到了总裁手中。

三个月后，史蒂文斯意外地收到了该公司的录用通知书。原来，这家公司看到了他感恩的品德，在有职位空缺的时候首先就想到了他。

感恩是一种良好的心态，心存感恩的人更容易获得机会，机会又将召唤成功。有感恩之心的人让人生爱，有爱会得到别人的尊重，获得别人尊重的人，会得到他人的信任，获得信任是事业成功的第一步。所以，懂得感恩，更容易成功。

当你心怀感激，忠心地为公司工作时，公司也一定会为你设计更辉煌的前景，提供更好的发展机会。作为企业的一员，感恩是一个员工优秀品质的重要体现，只有心怀感恩，才能快乐工作；才能珍惜岗位，爱岗敬业，勤勤恳恳做事，踏踏实实做人；才能免除浮躁，去掉私心，不会过多地计较个人的得失，把自己全身心地融入到集体的大家庭之中。当然，你的努力与付出也会得到回报，你的诚信将得到大家的认可，你对自己的工作会更有成就感，你会感觉你的生命更加灿烂，生活更加充实，你的事业也更容易成功。

一个容易把别人的恩情忘在脑后的人是很难走向成功的，因为，那些帮助过他的人会因为得不到他的回应而离他远去。当他下次再需要帮忙时，他们可能就不会再伸出援手了，成功也会离他越来越远。相反，能够怀着一颗感恩之心，向所有有恩之人表达感谢的话，当我们再碰到困难时，他们怎么会袖手旁观呢？他们的帮助无疑会让我们更容易到达成功的彼岸。

成功者都有一颗懂得感恩的心！每一个人都想成就一番事业，然而，没有哪一种事业的成功是那么轻而易举、唾手可得的。它需要的不仅是才华、能力、意志和决心，同时它还需要别人在关键时刻拉自己一把。只有懂得感恩的人，才能得到他人持续的支持和帮助，才能一直走在成功的路上。

3

赠人玫瑰，手有余香

懂得感恩的人舍得付出，乐于付出，因为他们心怀感激，心灵纯洁，他们不仅不会吝啬为别人付出，还会感谢因为这份付出而给自己带来的一切。这才是真正懂得感恩的人，“施恩不图报”“施者要向受者感恩”正是感恩的最高境界。

懂得感恩的牛根生成功后热心于慈善事业，不仅自己做，自己的企业做，自己的家人也一起做。在1999年至2005年担任蒙牛总裁期间，牛根生就把自己过半的年薪散给了员工、产业链上的伙伴以及社会上的困难人群。2004年年底，他创立了“老牛基金会”，2005年1月，他与家人宣布将自己及家人持有的蒙牛股份全部捐出用于公益慈善事业。这一开创性的慈善举动，使牛根生成为“全球捐股第一人”，并于2010年被中国慈善排行榜授予“中国慈善事业终身成就奖”。

牛根生说：“予人施慈是为了予己修善。我们应该对谁感恩？受捐者。施者应该向受者感恩，如果没有缺陷没有灾难，如何能表现出施者的作为？”这是牛根生长期秉持的慈善观，从中映射的，正是他那颗感恩的心。

“赠人玫瑰，手有余香”是英国的一句谚语，意思是做一件很平凡微小的事情，哪怕如同赠人一支玫瑰般微不足道，但它带来的温馨也会在赠花人和受花人的心底慢慢升腾、弥漫、覆盖。“赠人玫瑰，手有余香”让大家明白了帮助他人，别人快乐，自己也快乐，这就是感恩的境界。乐于助人，帮助别人，就会得到更大的快乐。正如歌词所描写的：只要人人都献出一点爱，世界将变成美好的人间。

一座城市来了一个马戏团。六个小男孩穿戴得干干净净，手牵手排队在父母身后等候买票。他们兴高采烈地谈论着即将上演的节目，好像是自己马上要骑着大象在舞台上表演似的。终于轮到他们了，售票员问要多少张票，父亲低声道：“请给我六个小孩和两个大人的票。”母亲心颤了一下，她扭过头把脸垂得很低。售票员又重复了一遍价格。父亲的眼里透着痛楚，他实在不忍心告诉他身旁兴致勃勃的孩子们，他们的钱不够。一位排队买票的男子目睹了这一切，他悄悄地把手伸进自己的口袋，将一张50元的钞票拉出来让它掉在地上。然后拍拍那个父亲的肩膀，指着地上的钱说:“先生，你的钱掉了。”父亲回过头，明白了原委，眼睛湿润了，马上弯下腰捡起地上的钞票，然后紧紧地握住了男子的手。

★★★★★

你帮助别人的目的，也许并不是要求得到回报，但是送人一束玫瑰，反而能留下一缕芬芳。人生最美丽的补偿之一，就是真诚地帮助别人的同时也帮助了自己。我们在给予别人的同时，自己也会有收获。实际上，这并非一句空话。每个人都不是独立地存在于这个世界上的，人们都会遇到困难，遇到自己解决不了的问题。这个时候，我们就需要向别人求助，如果我们能得到别人的帮助，那么我们就会心存感激，希望他日自己也可以为别人做些事情。同样的，当我们帮助别人时，别人也会心存感激，希望他日能伸出援助之手帮助我们。这正好印证了“赠人玫瑰，手有余香”的哲理。每个人都不可能孤立地存在着，有时候，我们也需要别人的帮助，而在这个时候站出来帮我们的，往往就是那些我们曾经帮助过的人。

很多时候，人们会抱怨人际关系复杂，知心朋友难寻。造成这种局面的原因有很多，但其中最重要的原因很可能是我们平日考虑自己过多，帮助别人太少。一个平时不注重维护人际关系的人，很难有好人缘，“临时抱佛脚”只会给别人以“利用”之感。试问这样的人，又怎么能得到别人的信任和欢迎呢？别人又怎会慷慨相待呢？只有平时给他人以帮助，别人才会拿出真心对我们。所以，我们需要舍弃一些不必要的自我意识，帮助别人做一些力所能及的事情。我们在帮助别人的同时，也就是在帮助我们自己，这才是隐藏在“感恩”两个字背后真正的哲理。

★★★★★

一天，一个贫穷的小男孩为了能攒够学费正在挨家挨户地推销商品，劳累了一整天的他此时感到十分饥饿，但摸遍全身却只有一角钱。怎么办呢？他决定向下一户人家讨口饭吃。当一位美丽的年轻女子打开房门的时候，这个小男孩却有点不知所措了，他没有要饭，只乞求给他一口水喝。

这位女子看到他很饥饿的样子，就拿了一大杯牛奶给他。男孩慢慢地喝完牛奶，问道："我应该付多少钱？"年轻女子回答道："一分钱也不用付。妈妈教导我们，施以爱心，不图回报。"男孩说："那么，就请接受我由衷的感谢吧！"说完男孩离开了这户人家。此时，他不仅感到自己浑身是劲儿，而且感觉到上帝正朝他点头微笑，那种男子汉的豪气像山洪一样迸发出来。其实，男孩本来是打算退学的。

数年之后，那位年轻女子得了一种罕见的重病，当地的医生对此束手无策。最后，她被转到大城市医治，由专家会诊治疗。当年的那个小男孩如今已是大名鼎鼎的霍华德·凯利医生了，他也参与了医疗方案的制订。当看到病历上的病人来历时，一个奇怪的念头霎时间闪过他的脑海，他马上起身直奔病房。来到病房，霍华德·凯利医生一眼就认出床上躺着的病人正是那位曾帮助过他的恩人。他回到自己的办公室，决心一定要竭尽所能来治好恩人的病。

从那天起，他就特别地关照这个病人。经过艰辛努力，手术成功了。霍华德·凯利医生要求把医药费通知单送到他那里，在通知单的旁边，他签了字。当医药费通知单送到这位特殊的病人手中时，她不敢看，因为她确信，治病的费用将会花去她的全部家当。最后，当她鼓起勇气翻开了医药费通知单时，旁边的那行小字引起了她的注意，她不禁轻声读了出来："医药费——一满杯牛奶。霍华德·凯利医生。"

这个故事颇具传奇色彩，但是它告诉了我们一个生活中最朴素的道理：

热心帮助别人，你才可能在需要的时候，得到别人的帮助。生活中不是每个人都会热心帮助有困难的人的，有的人往往认为不是他的事，他也不需要别人帮助，所以他也不会主动帮助任何人。这种观念是不对的。我们不仅要有帮助别人的热心，还要感恩别人的帮助，这样才会有美好的人生。

你是否有过这样的经历：当你加班为同事打印了一份文件，同事的一声“谢谢”能让你忘掉一天的疲劳；当你清晨为领导擦拭了办公桌，领导一个感激的眼神就会让你一天心情愉悦；当别人在工作中遇到困难，你热心帮助他解决后，应该会有种满足的心理。其实，每个人的心里都存在一种给别人快乐的美好心愿。因为送人问候时，我们心留温暖；送人关心时，我们留下开心；送人帮助时，我们留下友情。

4

知恩图报，感恩源自内心的爱

做一个有原则的人，善良和爱都是我们应该恪守的做人准则。“忘恩负义”是最被人痛恨，也最让人瞧不起的。事实证明，忘恩的人很难得到他人的帮助，同时也不会取得成功。人在社会之中，必须健全自己的人格、增强自己的道德修养，唯有如此，才能报答家庭、贡献社会。

一家日本大学毕业生最向往的公司每年都会招聘员工，筛选的最后一关是由社长亲自面试，题目仅有一个：“请问你有没有洗过妈妈的手脚？有何感想？”有个年轻小伙子的答案是“没有”，社长建议他回去帮妈妈洗一洗手脚，三天后再来面试。

小伙子回家就端了一盆热水给妈妈洗手脚，他与母亲的距离从没有这样近过，他的内心感到无比温暖，同时也才发现母亲的手脚相当粗糙，结满了老茧。他顿时百感交集，并向母亲忏悔，他觉得自己从未真正关心过母亲，母亲每天不辞劳苦，为家人不求回报地默默付出，让家人无后顾之忧。经过这次亲身体验，他对母亲对家人的爱、无私奉献有了深刻的体会。三天后他向社长一五一十地报告情况……故事的结局不言自明——这个小伙子被录用了。

★★★★★

感恩是爱的根源，也是成功的必要条件。如果我们对生命中所拥有的一切都能心存感激，便能体会到人间的温暖、人生的快乐以及价值。学会用一颗感恩的心去面对生活，我们便能收获幸运的回报。生命的整体是相互依存的，世界上每一样东西都依赖其他一样东西。父母的养育，师长的教诲，配偶的关爱，大自然的慷慨赐予……你从出生那天起，便沉浸在恩惠的海洋里。只有你真正明白了这个道理，才会感恩一切，善待一切。而正是因为你善待了这一切，才会由此得到善待，获得自己以为的丰厚的回报。

感恩是世上最好的美德。古语说:“仁者爱人。”一个心中有爱的人，必是一个心怀感恩的人，而只有懂得感恩、学会感恩，才能够将心中的爱传递给别人。一传十、十传百，爱便会在这样的氛围中不断传递下去。一个内心充满爱意的人，才能获得真正意义上的成功，而一个不懂感恩、心中无爱的人即便成功了，那样的成功也是一种畸形的“成功”。

有爱心的人才会感恩。世界上的每一个人都渴望爱，只有你学会用爱和别人相处，对方才会感知到你的好意和诚心，他们才会向你献出一颗爱心。有人问爱的力量究竟有多大？其实爱就是一个能够创造奇迹的魔术棒。在爱面前，再冷的心也会融化。爱可以让你攀登得更高、走得更远。

美国有一个单亲母亲，白天在富人家里做女佣，晚上回家照顾四岁的儿子。主人知道了女佣的情况后，给她和孩子腾出个房间，说，把孩子接来吧，今后你们吃住都在我家里，一切免费，不扣你一分薪水。女佣婉拒了，她有自己的担心，主人家的大房子里，光洗手间就十几个，最小的洗手间，也比她家的房子大，她不知道贫穷与富有的巨大落差，对一个四岁的孩子将会产生什么影响。

有一天，主人要在家里请客，人手不够。主人与女佣商量说，今天您能不能晚点回家，我这里缺人手，现找来不及，只好麻烦您了。女佣说，行啊，就是有点担心我的儿子，他晚上见不到我会害怕的。主人说，这好办，您现在就去把他接过来，晚饭在我这里吃，和客人一起吃就行了。

女佣把儿子接过来时，客人正陆续抵达，她没领儿子从正门进来，走的侧门，然后把他藏在一间主人不大光顾的洗手间里。她从主人厨房里拿来一个盘子，从自己口袋里掏出香肠和面包，这是她在回家路上特意给儿子买的。

孩子从来没见过这么气派的洗手间，不认识大理石洗漱台上摆放的那些色彩斑斓、晶莹剔透的瓶瓶罐罐，屋里好闻的气味让他幸福到简直要晕倒了。女佣告诉儿子说，妈妈带你来参加宴会，你是小孩，不能和大人一起吃，这是宴会主人特意为你准备的单间。孩子想把餐盘放到洗漱台上，但他个头太矮，有点够不着，只好放到了马桶盖上，他坐在漂亮瓷砖铺就的地面上，一边唱歌，一边吃着这些平时很难吃到的美味佳肴。

很快，在富丽堂皇的宴会大厅里，主人没发现孩子的身影，就去问女佣。女佣支支吾吾地说，我一直在忙着，没时间照看他，可能是在外面的草坪上自己玩吧。主人似乎明白了什么，他离开宴会大厅，把整幢房子的所有房间都找遍了，最后在一个位于角落的洗手间里，找到了孩子。

主人问，你怎么能在这里吃东西呀，你知道这是什么地方吗？孩子答，我妈妈说，这是宴会主人特意为我准备的单间，今天的香肠太好吃了，我好久好久没吃过了，对了，你是谁呀，这么好吃的香肠我可不能一个人吃，你愿意陪我在这里吃这些美味吗？主人强忍泪水点了点头，用最灿烂的笑容面对着孩子，他已经不需要再问什么了。此刻，他想起了当初随父母来纽约的经历，那时他们很贫寒，也经历过十分艰辛的日子。

回到宴会大厅，主人对客人们说，抱歉了朋友们，我现在必须得去陪一位特殊的客人，请大家慢慢享用吧，我不能和你们共进晚餐了。说完，他装了满满两大盘子孩子爱吃的佳肴，端到洗手间里，他模仿孩子的样子，也把餐盘放到马桶盖上，坐在地上，然后对孩子说，这么好的单间和美食，你一个人独享就可惜了，来来来，让我们一起吃晚餐。

主人和孩子一边吃着东西一边唱着歌，也聊了很多话题，他要让这个四岁的孩子坚信，他的母亲是世界上最勤劳、最伟大的母亲，不但应该为她感到骄傲，长大以后还要为她做些事情。客人们发现主人端走两大盘子食物后，再也没回来，觉得蹊跷，也去寻找，当他们看到情同父子的两个人坐在地上，围着马桶盖吃东西的场面，被深深震撼了。这些被称为上层人士或社会精英的人们，端着酒杯和美味纷纷赶过来，很快把洗手间挤满了，大家给孩子唱了好多好听的歌曲，表达了许多美好的祝愿，这些都让这个孩子确信，他的母亲是最令人尊敬的母亲，而他，则是世界上最幸福的人。

很多年后，这个孩子长大成人，他不但拥有了自己的事业，也买下了拥有几间洗手间的大房子，进入到上流社会。每年，他都以匿名方式捐赠很多钱给穷人，但从不举行捐赠仪式或接受采访。他对始终不理解的朋友们说，我永远忘不了在很多年前的某一天，有一位富人和他的客人们，用他们的诚恳与爱心，维护了一个四岁孩子的自尊。

感恩其实是一种做人的态度，一种做人的品德，一种善于发现美并欣赏美的道德情操。感恩越多，我们得到的越多，心中也就多一份喜悦，幸福也更爱拥抱我们。做人要有一颗感恩戴德之心，永存感恩之情。唯有学会感恩、感谢生活，才能获得更大的情感回报，才会更加热爱生命、关爱他人、收获成功与快乐。

一个极其寒冷的夜晚，路边一家简陋的旅店迎来了一对上了年纪的客人。然而不巧的是，这间小旅店早就客满了。“这已是我们寻找的第 16 家旅社了，这鬼天气，到处客满，我们怎么办呢?”这对老夫妻望着店外阴冷的夜色发愁地说。店里的小伙计不忍心让这对老人出去受冻，便建议说:“如果你们不嫌弃的话，今晚就睡在我的床铺上吧，我自己在店堂里打个地铺。”老夫妻非常感激，第二天要照店价付客房费，小伙计坚决拒绝了。临走时，老夫妻开玩笑地说:“你经营旅店的才能足可以当一家五星级酒店的总经理了!”“那敢情好!起码收入多些可以养活我的老母亲。”小伙计随口应道，哈哈一笑。

两年后的一天，小伙计收到一封寄自纽约的信，信中夹有一张往返纽约的双程机票，并邀请他去拜访当年那对睡过他床铺的老夫妻。小伙计来到繁华的大都市纽约，老夫妻把小伙计引到第五大街和三十四街交汇处，指着那儿的一幢摩天大楼说:“这是一座专门为你兴建的五星级宾馆，现在我们正式邀请你来当总经理。”

年轻的小伙计因为一次善意的助人行为，意外地美梦成真。这就是著名的奥斯多利亚大饭店经理乔治·波非特和他的恩人威廉先生一家的真实故事。

现实生活中，很多人做了好事都不求回报，但善良和爱心终究是会结出蜜果的。学会感恩，不仅仅意味着要拥有宽广的胸襟和高贵的品德，实际上，它更应是一种深刻的能愉悦自我的智慧。感恩是积极向上的思考和谦卑的态度，当一个人懂得感恩时，便会将感恩化作一种充满爱意的行动。感恩不是简单的报恩，它更是一种责任，一种追求阳光人生的精神境界！一个人会因感恩而感到快乐，一颗感恩的心，就是一粒和谐的种子。我们只要怀有一颗感恩的心，就能发现生活的美好、世界的美丽，就能永远快乐地生活在温暖的阳光里！

5

饮水思源，吃水不忘挖井人

饮水思源，是我们立身处世的根本。树有根，水有源，“问渠哪得清如许，为有源头活水来”“羁鸟恋旧林，池鱼思故渊”那是对源泉的思恋。鸟儿懂反哺，难怪被人咏成诗句；落叶懂得归根，难怪被诗人咏叹“落红不是无情物，化作春泥更护花。”万物都懂得饮水思源的道理，都懂得有恩必报的哲学，身为万物之灵的人类更要明白。

做人要懂得在享受成果的同时，不要忘了创造成果的人，要懂得饮水思源，知道感恩。要懂得“感恩知福，不可忘本”的道理，做人要有一颗感恩的心。

在当今这个竞争激烈的年代，拥有一颗感恩的心是成为成功者的条件之一。没有水源，就没有生命；没有父母，就没有我们；没有老师的谆谆教诲，就没有我们的智慧；没有企业，就没有自己的工作岗位；没有客户，就没有市场；没有企业的发展，就没有逐年提高的个人收入。因此，我们应永远保持感激的心态，感谢他们的辛苦劳作，饮水思源，更应该把这种精神发扬下去。

★★★★★

韩信是我国西汉的开国功臣，也是历史上伟大的军事家。在韩信年轻的时候，有一位漂母帮助了他，从而有了一个著名的报恩故事。韩信少年时家境贫寒，父母双亡。他虽然用功读书、拼命习武，却仍然无以为生。迫不得已，他只好到别人家吃“白食”，为此常遭别人冷眼。他曾在朋友南昌亭长家混饭吃，时间长了，亭长老婆对他很厌恶。一天大早，夫妻二人坐在床上把饭吃完了。韩信又来赶饭，可是扑了个空，他知道是自己蹭饭遭嫌，人家以此来羞辱自己。韩信什么也不说，气鼓鼓地跑出去了。他咽不下这口气，就来到淮水边垂钓，用鱼换饭吃，经常饥一顿饱一顿。淮水边上有许多老妇人在冲洗丝絮，其中有个为人家漂洗纱絮的老妇人，人称“漂母”，见韩信可怜，就给他饭吃，一连多日都是这样。韩信对这位老妇人表示，将来一定要重重报答她。老妇人很生气，斥责韩信:“大丈夫不能自食其力，我只是可怜你才给你吃食，难道是希图报答吗?”她继续把自己的饭菜分给他吃。天天如此，从未间断，韩信深受感动。后来，韩信被刘邦拜为大将，大败章邯军，一举拿下了关中地区，使刘邦得以还定三秦。韩信有所成就之后，始终没忘漂母的一饭之恩，派人四处寻找，最后以千金相赠。后来他又找到南昌亭长，赏了他一百个小钱。

其实，如果论当年给韩信物质上的付出，南昌亭长无疑比漂母多得多，饭菜也丰盛得多。但漂母是怀着一片真诚、慈悲之心，没有丝毫的嫌弃和不耐烦，虽然付出的是粗茶淡饭，但那恩情早已深如大海，重如高山了。韩信表示要报答，漂母严词予以拒绝。因其真心、真善，不但得到千金回报，还流芳青史。

★★★★★

学会感恩，懂得感恩，在人的一生中是何等重要！“滴水之恩，当以涌泉相报。”古人早就教育我们要懂得感恩，即便是点滴的恩情，也应该铭记于心，只有这样才能成为一个令人尊重、德才兼备的君子。同样，在职场中，只有拥有一颗感恩的心，才能变得优秀，才能实现自己心中的理想。

6

懂得感恩的人生才会一帆风顺

如果我们能够怀着一颗感恩之心面对生活，即使处在最困厄的环境中，我们也能渡过一个个难关，一步步走向成功，创造并享受美好生活。因此，做人要有一颗感恩的心！只有懂得感恩的人，才能对社会、对集体、对他人充满感激，并将这种感激转化为刻苦努力、帮助他人、无私奉献的实际行动，从而广结善缘，让自己的人生一帆风顺。

一家外资公司的公关部需要招聘一位职员，前来应聘的人经过甄选，最后只剩下了五个。公司告诉这五个人，聘用谁得由经理层会议讨论才能决定，结果会在三天内发到他们的邮箱里。三天后，其中一位应聘者的电子邮箱里收到一封信，信是公司人事部发来的，内容是："经过公司研究决定，很抱歉，你落选了。我们虽然很欣赏你的学识、气质，但名额有限，这实在是割爱之举。公司以后若有招聘名额，必会优先通知你。你所提交的材料在被复印后，将邮寄返还予你。另外，为感谢你对本公司的信任，还随信寄去本公司产品的优惠券一份。祝你好运！"

看完电子邮件，她知道自己落选了，有点难过！但又为该公司的解释感到满意，于是她回信表示了感谢。但就在两天后，她却接到了那家外资公司的电话，通知她已被正式录用为该公司职员。

她很不解，直到上班后才明白，邮件其实是公司的最后一道考题。她能胜出，只不过是用回信表示了自己的感谢。

懂得感恩、怀有一颗感恩之心的人，总会让别人对他有更特殊的情愫，觉得这样的人更亲切、可信，故而愿意给这样的人更多的机会。这也就是为什么懂得感恩的人比别人的路走得更为顺畅的原因。

有一位企业家说，经历了这么多年的风风雨雨，他才发觉，如果一个员工有能力，就会是一个可用之才；如果一个员工懂得感恩，就会是一个优秀的员工；如果一个员工既有能力又有感恩的心，那么可以把工作放手交给他去做，因为这样的员工不会找借口来搪塞自己的职责，也不会做任何表面工作来欺骗老板。他们会珍惜一切，善待别人，并认为努力工作是对公司、对事业最好的回报，也是对自己和他人最好的交代。

英国作家萨克雷曾说过："生活好比一面镜子，你对它笑，它对你笑；你对它哭，它就对你哭。"职场生活亦是如此，当员工以感恩的心态认真工作时，就可以得到相应的回报。当我们感谢公司为我们提供施展才华的舞台、感恩上司帮助我们培养对公司的忠诚、感谢职场使我们能通过工作培养个人能力、积累各种经验时，我们就会以更积极的心态去对待工作。当我们以一种感恩的心情去工作时，会工作得更愉快，更有效率，人生之路也就理所当然会比别人更顺！

唐纳德是美国一家广告公司的一名设计师，有一次，他被公司总部安排前往德国工作。与美国轻松、自由的工作氛围相比，德国的工作环境显得紧张、严肃并有紧迫感，这让唐纳德很不适应。

唐纳德向上司抱怨："这边简直糟透了，我就像一条放在死海里的鱼，连呼吸都很困难！"上司是一位在德国工作多年的美国人，他完全能理解唐纳德的感受。

"我教你一个简单的方法，每天至少说50遍'我很感激'或者'谢谢你'，记住，要面带微笑，要发自内心。"上司说。

唐纳德抱着试试看的态度，一开始觉得很别扭，要知道"刻意地发自内心"可不是件容易的事情。可是几天下来，唐纳德觉得周围的同事似乎友善了许多，而且自己在说"谢谢你"的时候也越来越自然，因为感激已经像种子一样在他心里悄悄发芽生根。

渐渐地，唐纳德发现周围的环境并不像自己想象中的那样糟糕。到后来，唐纳德发现在德国工作是一件既能磨炼人又让人感到愉快的事情，感恩的心态改变了这一切！在这种心态下，唐纳德积极主动地工作，短短两年便做出了突出的成绩，很快成为了公司在德国的负责人。五年后，他成为了总公司的副总裁。

"谢谢你！""我很感激！"当你真诚地说出这些话之后，感恩的种子已经在自己和别人的心里种下了，这是比任何物质奖励都宝贵的礼物！感恩为幸福之首。不懂感恩，再优秀也很难获得幸福和成功。一个知道感恩的人，才更容易得到信任、支持和帮助，更容易成功。想想看，如果在生活中，我们大家都能常怀一颗感恩之心，在得到别人帮助时衷心地说一声“谢谢”，在与父母、师长、同事等的相处中，都时时刻刻想着对方的好处，想着宽容相待，我们的人际关系、社会氛围必然会走向和谐美满。

感恩是一种处世哲学，是一种生活智慧。作为企业的一分子，无论你是位高权重的领导者，还是默默无闻的小职员，如果你对工作、对企业、对老板始终抱着感恩的心，就很容易成为一个受欢迎的人，自然也就更容易走向成功。

第二章　不懂感恩只会抱怨，再优秀的人也不可能成功

感恩是根治抱怨的良药。心存感恩的人不仅不会抱怨，还会珍惜自己的工作。他们不会计较自己在工作中得到了什么，而是更多考虑自己该为公司付出什么、奉献什么。不妨试着换一种角度，以感恩的态度来对待我们的工作，这样工作就不再成为一种负担，即便最普通的工作也会变得意义非凡。

1

不懂感恩，才会不停地抱怨

感恩是一种珍视所有、懂得回报的表现，是一种谦卑却又极其热忱的情感。人类因为感恩而伟大，世界因为感恩而美丽。用感恩的心工作是一种精神更是一种智慧。可以说，懂得感恩是一名员工品质优秀的重要体现，是事业成功的开始。你是否曾经想过，用一种特殊的方式，告诉你的老板，你是多么热爱自己的工作，多么感谢从工作中获得的机会。你的感恩能让你迸发出极大的工作热情，激发你的积极心态，而不是抱怨。

抱怨是表达哀伤、痛苦或不满，它是一种有害的情绪。生活中，常常能听到很多人抱怨上天不公平，抱怨命不好，抱怨工作累、工资低等。抱怨会消磨人的斗志，磨损人的动力。

倾向于抱怨的人，总是会否认人的主观能动性，不会通过自我改造来适应世界和不断改造环境。他们容易认为环境因素是不可以改变的。倾向于抱怨的人总是会否认外界存在的有利因素，因为抱怨自动把有利的方面屏蔽了，抱怨会让自我陷入自怨自艾中，掉入泥潭而最终伤人害己。可以说，抱怨带给自己的除了烦恼还是烦恼。

★★★★★

汤姆在一家广告公司工作了一年，由于不满意自己的工作，他愤愤地对朋友说："我在公司里的工资是最低的，老板也不把我放在眼里，如果再这样下去，总有一天我要跟他拍桌子，然后辞职不干。”

“你对公司的业务都清楚吗？对于公司运营的窍门完全弄懂了吗？”他的朋友问道。

“没有！”

“大丈夫能屈能伸。我建议你先冷静下来，认认真真地对待工作。好好地把他们的一切经营技巧、商业文书和公司组织完全搞通，甚至包括如何书写合同等具体事务都弄懂了之后，再一走了之，这样做岂不是既出了气，又有许多收获吗？”

汤姆听从了朋友的建议，一改往日的散漫习惯，开始兢兢业业地工作起来，甚至下班之后还留在办公室研究商业文书的写法。

一年之后，那位朋友又遇到他。

“你现在大概都学会了，可以准备拍桌子不干了吧。”

“可是我发现，近来老板对我刮目相看，最近更是委以重任，又升职又加薪。说实话，现在我已经成为公司的红人了！”

“这是我早就料到的！”他的朋友笑着说，“当初你的老板不重视你，是因为你工作不认真，又不肯努力学习，没问自己能做什么却总想着自己能够得到什么。后来，你痛下决心，能力提高了，也给公司带来了效益，当然就令老板刮目相看了。”

★★★★★

我们中的许多人不也像起初的汤姆吗？因为薪酬不高而满腹牢骚，却忘了先问自己能够做什么、给老板带来了什么。一名懂得感恩的员工则恰恰相反，他知道他已经从工作中获益良多，需要尽最大的努力来回报老板的知遇之恩和企业的培养之恩。一个懂得付出的人，自然也会收获更大的成功，这本来就是一个良性循环。

怀着感恩的心对待你的老板，感谢他们让你有这个工作，让你生活安稳。不要整天抱怨薪水低、工作内容繁杂、上班时间长，你应该用感恩的心态对待这一切，停止抱怨，用最好的状态、最高的效率完成你的工作，那么你也将收获多多。

★★★★★

小马是一家汽车修理厂的修理工，从进厂的第一天起，他就开始喋喋不休地抱怨，什么“修理这活太脏了，瞧瞧我身上弄的”，什么“真累呀，我简直讨厌死这份工作了”……小马每天都是在抱怨和不满的情绪中度过。他认为自己在受煎熬，在像奴隶一样卖苦力。因此，小马每时每刻都窃视着师傅的目光与行动，稍有空隙，他便偷懒耍滑，应付手中的工作。转眼几年过去了，当时与小马一同进厂的三个工友，各自凭着精湛的手艺，或另谋高就，或被公司送进大学进修，唯独小马，仍旧在抱怨中做他讨厌的修理工。

★★★★★

在工作中，抱怨最终会让自己走投无路。许多员工抱怨老板抠门，抱怨工作时间过长，抱怨公司管理制度过严……有时这种抱怨的确能够得到一些善良人的宽慰之词，它可以使自己内心的压力暂时得到一定的缓解。诚然，口头的抱怨就其本身而言，不会直接给公司和个人带来经济损失。但是，持续的抱怨会使人的思想摇摆不定，进而在工作上敷衍了事；抱怨使人思想肤浅、心胸狭隘，一个在自己的头脑里装满了抱怨的人是无法容纳未来的，这只会使他们与公司的理念格格不入，更使自己的发展道路越走越窄，最后一事无成。

不抱怨才能有一个好心情，才能快乐。如果你想抱怨，那么，生活中的一切都会成为你抱怨的对象。如果你不抱怨，生活中的一切就都会变得美好。你可能有过这样的经历，在你心情很好的时候碰到一个朋友，他见面就说今天的天气有多么的糟糕，他的生活多么暗淡无光，这个时候，你的大脑会不由自主地随着他的所言进行思考。结果，你脑中的画面也可能是一幅幅不愉快的景象，你的心情也会因此变得莫名压抑。之后你也会尽量避开与这个家伙交流。事实上，没有人愿意和一个喜欢抱怨的人做朋友。因为他从来就没有顺心的事，什么时候与他在一起，都会听到他在不停地抱怨。高兴的事被他抛在了脑后，不顺心的事他总挂在嘴边。见到人就抱怨自己所谓的不如意，结果他把自己搞得很烦躁，同时也把别人搞得很不安。可见，一味地抱怨不但于事无补，反而还会使事情变得更糟。

抱怨只能让你远离成功，而感恩却可以让你重拾希望。释迦牟尼曾经说过：以恨对恨，恨永远存在；以爱对恨，恨自然消失。如果一个人能拥有感恩的心，那么他就会看清世间的美好，学会感悟生活的美丽，同时也能拥有坦荡的心境，走出一条不平凡的人生之路。

2

抱怨只会腐蚀优秀，毁灭成功

生活中充满了不如意，所以我们习惯了抱怨：抱怨命运不公，抱怨生不逢时，抱怨造化弄人，抱怨人微言轻，抱怨薪水微薄……泛滥的抱怨是一种慢性腐蚀剂，腐蚀自己，也消磨了成功的斗志，它就是可以“溃堤”的蚂蚁，可以使一个部门、一个团队、一个企业溃不成军，轰然倒地！在抱怨中，我们对拥有的幸福熟视无睹、不懂珍惜，并且单纯地放大缺憾；在抱怨中，我们会变得患得患失、斤斤计较。因此，抱怨只会毁灭成功。

★★★★★

希腊神话中，有一个名叫海格力斯的英雄人物。一天，他走在崎岖的山路中，不小心踩到一个袋子，这个袋子正好放在路中间。海格力斯生气极了，一脚将它踢开。

没想到袋子不但没有移动，反而因为他的碰触而膨胀起来。

海格力斯更生气了，于是拿起一根木棒，使劲地朝它猛打。但是这个袋子不仅没有被打破，还越胀越大，最后竟把路口堵住了。海格力斯无路可走了。

就在此时，有个人走过来，连忙阻止海格力斯说:“朋友，快住手，你别再打它了，快离开它并忘了它吧！这是个生气袋，只要你不惹它，它永远都会是个小袋子。但是，如果你一生气碰到它，它就会开始膨胀起来，挡住你的去路，与你为敌，并且对峙到底！”

★★★★★

抱怨又何尝不像这个袋子呢，当你带着情绪对它，它或许真的就无限制地膨胀起来，封住路口，阻挡你走向成功。其实，每个人都会有遇到挫折的时候，需要发发牢骚排解生活的压力，这个本身是没有错的。可是问题的关键在于，一旦你嘴上养成“抱怨”的习惯，心里形成“抱怨”的思维，那后果就非常可怕了。

假使你遇事就抱怨别人，这就犹如你放弃轻松愉快的生活，将自己推向苦海。抱怨是一枚威力强大的定时炸弹，谁把它带在身上，放在心中，到头来只能自食其果。抱怨能蒙蔽一个人的双眼，让他只看到生活中的黑暗与丑陋。如果彼此相互抱怨，那形同同归于尽，大家的心境永远不得安宁。可见，抱怨是如此地可怕。

★★★★★

有一个远近闻名的寺院，住持为所有的和尚定下了一个很特别的规矩，每年年底寺院里的和尚都要为过去的一年做一个两字的总结。第一年年底，一个新来的小和尚很沮丧地用“床硬”两个字概括本年最大的体会，住持听了只是点点头。第二年年底，住持又把这位小和尚叫到面前，希望听到他积极的回答，而这位小和尚却依然抱怨道："食劣！"第三年年底，小和尚还没等住持问起就主动找到住持，留下"告辞！"两字后离去了。

这位小和尚看待事物总抱着一种抱怨心理，从不去想自己在如此的环境中收获了什么，而只注重当前现状为自己带来的不便。正是这种抱怨使他失去了修成正果的机会。

★★★★★

抱怨就像是长在人身上的一个毒瘤，必须拔掉。当你抱怨别人的时候，很可能是你自己出了问题。抱怨就是为了获取同情心和注意力，以及避免去做我们不愿做的事。我们抱怨或说闲话，可能只是想让自己显得更优秀。但太多的时候，都是因为抱怨了才会更不开心。说出来，想要博取同情，但内心的担忧更多。对人也好，对事也好，对社会也好，抱怨永远都不能改变现实。

★★★★★

季红是某公司的前台，工作比较琐碎。同事们几乎每天都会听到这样的话："哎呀，这又是谁啊，用了抹布也不洗干净！""拖把不知道放在哪儿吗！""每天累死累活的，老板居然对我还是不满意！""要不是我，那么多事谁来做呀？"……

起初大家还会附和一两句，渐渐地所有人都开始对她的抱怨与诉苦感到头疼，有时都想提醒她一句："别说了。"但话到嘴边，又都碍于情面，只好作罢。季红对此也不是毫无察觉，只是她会回家继续向她的丈夫诉苦："没有人理解我。公司里的人都太坏了，没有人体会到我的辛苦付出！"

★★★★★

当一个人喋喋不休地抱怨时，就容易引起周围人的注意。一旦出现有同感的话题，就会瓦解他人的积极想法，让他们也情不自禁地加入到抱怨中来。可以说，抱怨像幽灵一样到处游荡、扰人不安。我们之所以抱怨，问题并不是出在工作上，而是出在我们自己身上。当抱怨成为一种可怕的习惯时，它的影响是巨大的，几乎可以毁掉一个人的前程。

没有人喜欢和一个满嘴抱怨的人相处，同时，太多的牢骚抱怨只能证明你缺乏能力，无法解决问题，所以才会将一切不顺利归于种种客观因素。你的上司见你整日抱怨不停，恐怕会认为你做事太被动，不足以托付重任。曾经抱怨过的朋友都知道，只要头脑中一有抱怨的意识，我们就会立即停下或者放慢手中的工作，为自己鸣不平，甚至不顾一切非得找到对方讨个公道。如果得不到他们想要的结果，不是大骂世道不公，就是哀叹老天无眼。久而久之，不仅影响工作和生活，还会影响心情和心态。

只有心存感恩的人才不会抱怨。我们要对拥有的一切心怀感激，学会感激生命中的一切。心怀感恩，生活里才会少一些怨恨和烦恼；心怀感恩，心灵上才会多一份宁静与安详；心怀感恩，工作中才会多一些宽容和理解。感恩，让我们明白自己拥有的一切如此美好。只有懂得感恩，我们才能够获得最大的成功。

3

与其抱怨世界不如改变自己

西方有句著名的谚语:“与其诅咒黑暗，不如点亮蜡烛。”在我们身边，有太多的人整天抱怨。迟到了，抱怨时钟走得太快；工作累了，抱怨老板太狠；生活困难了，抱怨没有一个好老爸、没嫁个好老公。一些人总在抱怨，似乎老天爷就是对他不公，似乎他就是这个世界上最倒霉的人。可是，抱怨并不能解决任何问题，抱怨只能让自己越来越不快乐。

古代有个王子，总是觉得不快乐，每天愁眉苦脸。他看到一个老乞丐每天笑呵呵的，就问他：“你为什么总是这么开心呢？”

老乞丐说：“因为我知道自己多么幸运啊！你想，天地之间以人为尊，而我能生而为人，这是多大的幸运！人分男人和女人，男人又比女人强壮，我恰好是男人，多幸运！许多男人身患残疾，或者被家事、子女等所累，活得狼狈不堪，而我自由自在，游戏红尘，这又是多大的幸运！既然老天这么厚待我，我不快乐一些怎么对得起它呢！”

可惜的是，我们中的许多人都没有这个老乞丐的觉悟。我们总是抱怨，于是活得很累很累。我们强迫自己去追逐能力之外的东西，却忘了欣赏身边的美丽。我们步履匆匆、心浮气躁，所以总觉得快乐遥远、幸福奢侈，殊不知正是焦躁的心情让一切本应安宁和平静的生活变得支离破碎。因此，我们要学会感恩，远离抱怨。

抱怨，等于往自己的鞋子里倒水，使行路更难。困难是一回事，抱怨是另外一回事。抱怨除了会失去跟前的短利以外，还会使问题恶化。其实，一切抱怨皆来自不客观、不全面的观察角度。换个角度，你就会发现，事情并不是你想象的那样。

有一个员工被公司派到一个小县城出差，傍晚时却遇到气温骤降，雷雨大作，被困在县城的火车站。他只穿着一件薄薄的外套，瑟缩在候车大厅的长椅上，他的心情糟糕极了。

看来，明天那个重要的会议赶不上了，与客户的约见也要另行安排，最让他生气的是，一切都不得不推迟，包括回家的时间。想着不能按时回家带妻子和儿子去旅行，他不由得抱怨起来，抱怨公司为什么让他来这个破地方出差，抱怨自己对这里不熟悉，抱怨该死的天气为什么说变就变，真应该考虑一下是不是要换个工作了……

这个时候，旁边一对同样被雷雨所困的母子引起了他的注意。那个孩子不停地哭闹，大喊要回家看《尼尔斯骑鹅旅行记》，那个动画片已经开始了。她的母亲却很平静，她用手轻轻地抚摸着孩子的头，温柔地说:“宝贝，你不觉得自己就在动画片里吗?瞧这雷雨，多像一场美妙的奇遇啊!”

“瞧这雷雨，多像一次美妙的奇遇!”简单的一句话，却让他的心头豁然开朗。他曾经多次遇到这种天气，但从未想过其实异乡雨夜也是另一番风景。结果，他的一切都很圆满，从此，他也变成了一个很少抱怨的人。

★★★★★

人生的幸与不幸是不可分割的，犹如硬币的两面，必然是同时存在的。无需为不幸而悲伤而抱怨，如果不能改变，那我们至少还能换一个角度、换一种眼光——犹如翻转硬币，你将看到另一面。如果我们在工作中少点抱怨，多点反省，那么我们就能更好地完成工作。如果一个人长期心怀抵触的情绪，整天对自己的工作抱怨不止，他是不可能有心思去考虑如何主动地开展工作的，这种人也不可能在工作中有所创造性，更不要说高质量地完成工作。所以，作为一名员工，首先只有放弃自己心中爱抱怨的想法和情绪，你才可能恢复内心的平静，主动地去选择改变自己，更好地完成工作。

★★★★★

肖青是上海一家公司的部门经理。去年夏天她去南京谈生意，在中央门，她坐上了一辆出租车，要求到新街口。上了车她才发现，和别的出租车相比，这辆车不仅外观光鲜亮丽，而且司机着装要“正规”得多，天气炎热，但他仍然穿戴整齐，而且车内也布置得十分雅致，让人看了就很舒服、温馨。

车子发动之后，司机温和地问肖青要不要开空调。他发现肖青似乎有点疲倦，又问她要不要来点音乐。等红灯时司机又回过头来告诉肖青，车上有刚买的《现代快报》和当期的杂志，最后司机甚至还问她是否需要咖啡。

司机的“增值”服务很周到、热心，肖青有点不相信这样的事情会发生在自己身上。难道有什么不可告人的目的吗？但她从司机愉悦的表情里只是看出了真诚。

说实话，肖青的这次行程并不是很开心，原来她早和男朋友约好这个周末要去旅行，但老总的临时安排打乱了她的计划。这让她很烦闷。到了南京后，她遇到了这位司机，也因为这位司机的工作态度，她的心情好了很多。肖青很好奇地问：“我感觉你的服务很周到，并且与众不同！你从什么时候开始这种服务方式的？”

司机温和地笑了笑，没有正面回答她的问题。他说：“我做司机快十年了，那时候还没结婚，因此收入不仅够温饱，而且还能存下一笔钱。自从结婚以后，压力就大了，这两年经济形势也不好，收入也减少了，孩子要上学，老婆工作也不稳定，压力太大，活得非常疲惫和痛苦。因此，我经常抱怨，觉得人生没有意义，但抱怨并没有改变我的生活状况，反而让心情变得越来越糟糕。有一天，我送一位退休的大学教授到火车站，短暂的交谈后，他看出了我的苦闷，于是对我说：“如果你觉得日子不顺心，那么所有发生的事情都会让你觉得倒霉；如果你换一种心态的话，也许生活就是另外一个样子了。你也不用活得这么痛苦，每个人都能在社会中找到自己的位置。”我细细地琢磨他的话，觉得越来越有道理，后来逐渐相信，整天抱怨生活不如意，不但改变不了现实，而且还会让自己越来越痛苦。人要快乐，就要停止抱怨，要改变自己。我想，也许我该改变一下生活方式了。我相信，我把我的快乐带给我的乘客的同时，我也会很快乐的。你看，我现在不是很快乐吗?”

司机的话，让肖青感动不已。

★★★★★

我们应该明白这样一个朴素的道理：与其毫无意义地抱怨，不如怀着一颗感恩的心去实干。没有人喜欢和一个爱抱怨的人相处。太多的牢骚什么都证明不了，只能说明你缺乏能力，无法把遇到的问题满意地解决掉，所以才会将一切不顺利归咎于客观因素。

不少员工总是在想着“我应该得到什么”，抱怨企业或领导“没有给我什么”，或是“我那么卖命才给那么点工资”，却没有自问:“为了得到希望从事的岗位，我还缺乏什么？可能要付出什么？做得够不够?”抱怨别人，不如改变自己。总是把责任推到别人身上，看不到自己的缺陷和不足，于是抱怨成了习惯。这样下去，他们在抱怨中会丧失许许多多的机会，落在别人的后面。只有改变自己，在工作中始终牢记感恩的道理，才可能成为成功的员工。

4

让抱怨的心在感恩中化解

常言说得好“不如意事常八九”，生活哪会一直顺风顺水、处处如意呢？好运坏运总是相伴相随的。抱怨命运的不公，抱怨生不逢时，抱怨造化弄人，有什么用？只会让我们在抱怨中对自己已拥有的幸福熟视无睹、不懂珍惜，在抱怨中患得患失、斤斤计较，把感恩的心态越抛越远。抱怨与感恩背道而驰，抱怨与敬业互不相容，与成功更是南辕北辙。只有懂得感恩的人，才会不抱怨，即便有抱怨，也会因为感恩而化解。

两个行走在沙漠的旅人，经过多日的煎熬，在他们口渴难忍的时候，碰见一位吆喝骆驼的老人，老人给了他们每人半碗水。两个人面对同样的半碗水，一个抱怨水太少，不足以消解他身体的饥渴，一气之下竟将半碗水泼掉了；另一个也知道这半碗水不能完全解除身体的饥渴，但他非常感谢老人，因为这半碗水太珍贵了，他郑重地向老人道了谢，喝下了这半碗水。结果，前者因为拒绝这半碗水渴死在沙漠之中，后者因为喝了这半碗水，最终走出了沙漠。

拥有感恩的心，即便有不满意、不顺心的时候，也会因为心中的感恩而驱散抱怨。与其抱怨，不如感恩。对生活怀有一颗感恩之心的人，即使遇上再大的灾难，也能熬过去。感恩者遇上祸，祸也能变成福，而那些常常抱怨生活的人，即使遇上了福，福也可能会变成祸。

职场中经常抱怨的人最容易浮躁了，这种情绪让他们很难安分下来。在这种情况下，他们除了对公司抱怨外，还会不停地跳槽、换工作……在他们眼里，下一个工作肯定比现在的好，一切问题都能以跳槽的方式解决。工作稍不如意就跳槽，人际关系不行也跳槽，看到可以多赚些钱的工作跳槽，甚至没有任何原因就跳槽。慢慢地，他们会在频繁的跳槽中失去自我，失去以前那种积极向上的工作精神，一有困难就退缩，遇到麻烦就绕开走。出现这种状况是危险的，因为跳槽并不能解决工作中遇到的问题，在任何工作中都会出现困难。以这种态度对待工作，只会毁了自己的大好前程。

程晓在同学中是个典型的跳槽强人，拥有四年时间更换七份工作的记录。2008 年大学新闻专业毕业之后，程晓顺利进入一家报社做财经记者。不到两个月时间，还没等和同事们混熟，他就跳槽到另一家大报社做财经记者，他跳槽的原因是觉得原来的报社比较小，不能发挥自己的才能。

他的第三份工作是从网上看到的招聘信息，投了简历之后得到了参加考试的通知。这次跳槽是因为自己有了一年多的工作经验，而目前的工资让他感觉太少了。于是，程晓在这份工作没有做多久的情况下，就冲动地辞掉了原来的工作，孤注一掷地等待新的工作。还好，他最后被聘用了。

但第三份工作程晓只干了七个多月的时间。辞职的原因是工作强度太大，令他难以忍受的是，公司总是强迫他加班，但补助却很低。于是在冲动之余，他又辞职了。可此时程晓再找新的工作就没有那么顺利了，竟然花了两个月时间，手头的积蓄也差不多花完了，才进入一家报社当记者。虽然已经工作了将近一年，但在这里一切又得从零开始。

这次工作持续的时间只有四个月，因为工作辛苦，且待遇不理想。他觉得自己丰富的经历是以后能轻松找到好工作的资本。所以，他放心地辞职了。但有时候工作并不好找，这次的失业状态持续了三个月，他才进入一家公司做企划宣传。

程晓把这段时间当成一个过渡期，一直在找新的机会。半年后，他又被一家报社的行业周刊聘用。这次干了将近一年。当朋友们都以为他这回要踏实干下去的时候，他又辞职了。原因是现在物价飞涨，挣的那点薪水根本不够他自己花。于是他又换了一份工作。但没多久他觉得新换的工作没有发展空间，就又决定换工作了。就这样，程晓在四年时间里换了七份工作。令他郁闷的是，他换的这几份工作，是一个不如一个。

此时，程晓的一些同学仍然在原来的单位工作，虽然没有像他那样频繁换工作，但经过几年时间的积累已经在同行中崭露头角，成为报社的新闻主笔或者重要版面的编辑，有的则成为主编，待遇都很不错。

★★★★★

别再抱怨上天的不公，机遇对待每个人都是一样的，难道你会觉得它是在故意捉弄你吗？别再抱怨人生的道路太曲折，如果不是因为这些曲折，你怎会有现在的坚强意志？别再抱怨自己的命运太苦，你知道命运是由谁主宰的吗？命运其实就掌握在自己手中；别再抱怨生活太无奈，如果不是生活，你怎能知道酸甜苦辣，你怎会知道自己生活中那多彩的一幕幕？别再抱怨那些不如意的事，只要你放开心扉，从另一个角度去思索，会发现上天是公平的、人生的道路是通畅的、自己的命运也不是最苦的、生活也是精彩的……这就是感恩。

感恩，不仅仅是一个微笑、一次关怀、一种回报……更是一种积极的工作态度、生活态度和更真、更醇、更宽厚的为人之道。感恩父母，养育我长大，鼓励我成长；感恩亲人，掸落我身上的尘埃，伸出宽厚温暖的手掌；感恩师长，他们让我抛却愚昧，懂得思考；感恩朋友，无私的友情在心与心之间流淌；感恩社会，赋予我责任的重担并努力肩扛；感恩青春，让我拥有年轻并将个性张扬；感恩过去，让我在心底小心将往事收藏；感恩现在，让我懂得珍惜拥有并不断发展开创；感恩将来，赋予我新的勇气与美丽梦想！

★★★★★

苏临在公司干了才一年多，因为工作能力强，业绩突出，被公司破格提升为部门主任。公司员工在得知这个消息时，都很吃惊，这个公司虽然是人才济济，但都没有他的工作能力强，提升也没有他快。

“你才来公司一年，就为公司创造了这么多的业绩，一定有什么秘诀?”有同事问。

他笑了，回答说:“我哪里有什么秘诀。只不过是心存感恩而已。”

“你工作能力强，这和感恩能扯上边吗?”另一位同事疑惑地问。

他认真地说:“我学历低，又没有工作经验，能来到咱们公司，我觉得我是侥幸进来的。”在大家惊奇的眼神中，他讲起了自己的一段经历。

原来，他来这个公司之前，已经找了大半年工作了。他手中的钱，仅能维持两天的生计，连一周后的房租都付不起了。当时他想：只要公司愿意聘用我，能管我吃住，不给钱我也要干下去。

让他没想到的是，公司不但聘用了他，工资也不低，还提供住宿。来公司后，为了感谢公司对自己的知遇之恩，他总是拼命工作，为了能让自己胜任工作，他利用业余时间来钻研专业知识。

他喜欢加班，因为加班时，他不但能享受到公司免费的餐补，还能从中积累很多的工作经验；他乐意替同事当班，哪怕只换来同事的一声“谢谢”；他在工作上遇到困难，会想尽一切办法寻找解决之道……这一切的主动，都源于对公司“收留”他的感恩之情。

听了他的话，同事们都不再说话了。

渐渐地，苏临的业务能力越来越精湛，很快成为业务上的行家里手。特别是当他被公司提升为部门主管后，待遇也相应地提高了，再加上提成，他成为了公司拿奖金最高的员工。

别看收入已经很高，他却比以前更卖力地工作了。为了提高自己的工作能力，他又自费参加了各种进修班。学习一年后，他的工作能力再次大幅度地提升。

最近，他打算参加一个费用高达十多万元的培训班。有同事不解地问："你现在要钱有钱，要权有权，可以说是什么都不缺了，怎么还花那么多钱去学习啊？是想还往高处升，还是为以后进更好的公司做准备呢？"

他笑道："都不是。我学习是为了让自己工作能力更强，为公司创造更多的业绩，即使现在公司不让我担任主管，我依然会学习，依然会像现在一样工作。"

★★★★★

苏临在工作中屡获成功的秘诀，就是他把对公司、领导的感恩化作工作的动力，不断地充电，以让自己更能胜任工作。对于此时的他来说，工作不再是为了钱，而是为了给公司创造更多的财富。可见，只有懂得感恩，才能在工作中做到不抱怨；只要懂得感恩，才能愉快地投入到工作当中。

我们要感恩自己的工作，就得经常站在公司的立场上去思考问题，想想自己在公司的位置，想想公司为自己提供的各种工作环境，想想在工作难找的今天，自己却能在这里安心工作……当这么想时，就会对公司能为我们提供这个工作机会充满感激。当一个人心存感激时，他的言行举止中就会散发出一种善意。这种友善会影响、感染包括上司在内的许多人，从而得到上司与同事们的理解和赞赏，走向成功就成为必然的事。

时时怀着一颗感恩的心，不只可以祛除自己心中抱怨的种子，更可以让自己的事业、生活甚至生命变得更加温馨、快乐和充满动力。学会去改变自己，从放弃指责埋怨，学习宽恕，尝试感恩，放弃抱怨，到开始寻找快乐，进而掌控自己的生命走向，你会发现一切都是那么的美好！

只要你能换一种角度、换一种眼光去看待这个世界，换一种思维、换一种态度去对待自己的人生——"珍惜、欣赏、感恩"。你就会发现这个世界是如此美好，你的人生是如此精彩！

5

感恩工作，快乐地接受工作的恩赐

在上天赐予我们的礼物中，工作是最美好、最宝贵的礼物之一。工作为我们提供了稳定的薪水，解决了衣、食、住、行等生活所需，给了我们实现人生价值的机会，所以我们应该感恩，感恩培养我们的领导，感恩成就我们的同事，感恩一切帮助我们的人。我们要珍惜工作的每一天，珍惜自己的岗位，让工作成为自己快乐的源泉。

小何是名牌大学毕业的，人很文静。她在一家事业单位工作，单位里要写很多材料，她毕竟刚来，公文写作还不很熟。于是每次写好后，她都要虚心地先让办公室的老员工刘姐看看，等刘姐看完向她提出意见时，她更是真诚道谢，然后再认真修改。修改完她再拿去请科长审阅。如此一来，她每次的材料都要花费很多时间，把工作带回家去做是常有的事情。

每当小何把材料改好拿给刘姐看时，刘姐觉得已经没有什么可以修改时，小何就拿给科长去看，科长看后仍旧会东涂西抹，不留情面，哪怕可改可不改的标点符号也要让小何改掉，小何每次都认真地做好。

对此，刘姐愤愤不平，她认为科长是在“鸡蛋里挑骨头”，并催促小何向科长讲明情况。小何听后只是笑笑，不介意地说："刘姐，我刚参加工作，要是没有您和科长的严格要求，我的工作就很难进步。我感谢你们还来不及呢。"

刘姐问道："你真的这么想？"

小何连连点头，诚心诚意地说："是呀是呀，想想我刚参加工作时，什么也不会，是科长让我跟您学习，要是没有科长的严格要求，没有您手把手地教，说不定我的材料永远没有资格送到科长面前呢。"

见小何如此谦虚，刘姐嘴上不再说什么，但以后更加认真地教小何了。

由于小何的谦虚勤奋，工作能力提升很快。半年后，科长把小何推荐给上级宣传部门，于是，小何上调了。

有一次，上级要求科里写一个大材料。两天后，小何就把材料修改好。科长让人先送到宣传部门，请上级把关，这个材料得到了上级的好评。科长很满意，说小何还真行，自己没有看错人，还在科里当众表扬了她。

小何却说："科长，您不能光表扬我一个人，得先表扬刘姐和咱们这些同事。我会写材料是他们教的，要表扬，也得表扬他们才对。"

刘姐和同事们听了小何的话，都争着说小何的好话。一年后，小何因工作出色，在科长和同事的推荐下又升职了。

后来，朋友们让她讲讲升职经验，她听后激动地说道："在我参加工作时，我爸送我四个字，第一感恩，第二宽容。我能有今天，既离不开领导的提携、栽培，也离不开同事的帮助和指导。为了感谢他们，我每天上班后，都得用几分钟时间，为自己能有幸成为公司的一员而感恩，为自己能遇到这样的领导而感恩，为自己能有这样的同事而感恩。"

因为心怀感恩，小何会把领导的要求看成是督促她进步；因为感恩，小何才会在工作中不断积极地改进不足，让自己每天都进步；因为感恩，小何用自己的宽容换来了领导和同事的好感；因为感恩，小何才能把自己的工作做得如此出色。

只要你用感恩的心态看待工作，每一份工作都是有意义的，都是充满快乐的。我们每个人都在工作，而且是在为自己工作。从表面上看，你在为领导工作，换个角度看，为领导干，就等于为自己干。你珍惜你的工作，在为公司创造价值的同时，也实现了自我价值，从中获得了成长的机会，积累了很多经验，接受了良好训练，培养了优秀的品质。你在工作中有那么多的收获，稍微懂得珍惜的人都会非常快乐。当我们怀着一颗感恩的心去看待公司，看待领导，看待同事时，就会发现工作是多么快乐，大家是多么快乐，自己是多么快乐。怀着感恩的心来对待工作，这会使你工作更顺利，生活更加充实。

★★★★★

微软总部的办公楼里有一位临时雇用的清洁女工，在几百个雇员里，她是唯一没有任何学历的人，也是工作量最大而拿薪水很少的人，可她却是整个办公楼里最快乐的人！

每一天，甚至是每一分钟，她都在快乐地工作着。她对任何一个人都面带微笑，对任何人的要求，哪怕不是自己工作范围之内的，也都愉快地跑去帮忙。

热情是可以传递的，周围的同事也很快被她感染，有很多人和她成了好朋友，甚至包括那些被公认的冷漠的人。在这里没有人在意她的工作性质和地位，她的热情就像一团火焰，慢慢地，整个办公楼的人在她的影响下都快乐了起来。

比尔·盖茨很惊异，就忍不住问她："能告诉我，是什么让您如此开心地面对每一天吗？"

"因为我在为世界上最伟大的企业工作！"女清洁工自豪地

说，“我没有什么知识，我感激公司能给我这份工作，可以让我有不菲的收入，足够供我的女儿读完大学。我对这美好的一切唯一可以回报的，就是尽一切可能把工作做好，一想到这些我就非常开心。”

比尔·盖茨被女清洁工那种感恩的情绪深深打动了，他动情地说：“那么您有没有兴趣成为我们当中正式的一员呢？我想您是微软最需要的人。”

“当然，那可是我最大的梦想啊！”女清洁工说道。

此后，女清洁工开始用工作的闲暇时间学习计算机知识，公司里的任何人都乐意帮助她。几个月后，她真的成了微软的一名正式员工！

这位女清洁工对工作的感恩，对工作的热情，把工作当作生命中最珍贵的礼物，这样的心态，怎么能不让老板为之动容？正因为如此，500强企业的大门，毫不犹豫地向她敞开了！

★★★★★

心怀感恩，让我们明白自己所拥有的工作是如此美好；心怀感恩，你的工作将与众不同。因此，带着感恩的心去工作，成功就在眼前！一位成功的职业人士曾说：“是一种感恩的心情改变了我的人生。当我清楚地意识到我在学历以及待遇上比别人都低时，我没有权利抱怨什么。相反的，我对所有的一切都怀抱感恩之情。我竭力要回报别人，我竭力要让他们快乐。结果，我不仅工作得更加愉快，获得的帮助也更多，工作也更出色。我很快获得了公司加薪升职的机会。”

在职场中不管做任何事，都要把自己的心态放平，抱着感恩的态度，不要计较一时一事的荣辱得失。不论做任何事都需要甘心情愿、全力以赴，当机会来临时才能及时把握住。让我们怀着一颗感恩的心看待自己的工作吧。

现在，感恩已经成为一种被广泛认同的职业精神。它既是一种良好的心态，也是一种奉献精神，当你以一种感恩的心情工作时，你会工作得更愉快、更出色。相反，如果没有感激之情，你就会陷入一种糟糕的境地，对许多客观存在的现象日益挑剔甚至不满……如果头脑被那些令你不满的现象所占据，就会习惯于注意并指责那些琐碎、消极、猥琐、肮脏甚至卑鄙的事情。放任自己的思想改造，关注阴暗的事情，你自己也就变得阴暗，让你难以摆脱。但是，如果你能让自己保持一颗感恩的心，把自己的注意力全部集中在光明的事情上，你就会变成一个积极向上的人，一个大有作为的人。

第三章　懂得感恩才懂得负责，责任是成功的基石

认真负责是感恩的外在表现。人们只有对工作心存感恩，才能体会到对工作负责就是对自己负责的真正含义。只有心怀感恩，才能快乐工作；才能珍惜岗位，爱岗敬业，勤勤恳恳做事，踏踏实实做人；才能免除浮躁，去掉私心，不会过多地计较个人的得失，全身心地融入到集体的大家庭之中。

1

感恩才能尽责，负责才能心安

在职场中，不同的人有不同的职业轨迹。有人会成为公司的核心员工，受到老板的赏识与重用；有的人自认为与众不同，到头来却碌碌无为，不被人知晓……事实上除了少数天才，绝大多数人的天赋都差不多。那么，又是何故造成这种差别呢？答案就在于你是不是懂得感恩、懂得负责。

有一个学习计算机的年轻人，大学毕业后四处求职，暑假过去了，他依然没有找到理想的工作，眼看身上的钱就要用完了。一天，报纸上登出一则招聘启事，一家新成立的电脑公司要招聘各种电脑技术人员 20 名，但需要经过考试。年轻人感觉到机会来了，他在报名后就潜心复习，后来终于在 200 多名报名者中脱颖而出。

在走上工作岗位后，年轻人才真正认识到自己的知识欠缺太多。公司每晚要留值班人员，家住本市的同事都不愿意值班，他就索性搬到单位住，包揽了所有值班任务。每晚 9 点关门后，他就在办公室拼命钻研电脑知识，比读大学的时候还勤奋，工作两个月后，他已经成为公司的技术骨干了。

这时，年轻人的生活依然是艰难的，试用期三个月里每月只有几百元的工资，勉强够吃饭。可是这份工作来之不易，他懂得知足常乐的道理，他努力工作，表现得相当优秀。两年后，他考取了网络工程师资格证书，成为一名网络工程师，得到公司领导的器重和同事们的好评。

几年过去，随着公司的发展壮大，不到30岁的他凭借出色的业绩在这家公司拥有了很高的职位，并拥有一定的股份，前景良好。当人们问起他的成功经验时，年轻人谦虚地说："其实也没什么，我知道这份工作来之不易，于是我每天都用几分钟时间，感恩自己能有幸拥有眼前的这份工作，为自己能进这样一家公司而感恩。这样，我便有了前进的动力，再苦再累的活也难不倒我了。"

心怀感恩的人会以积极主动、认真负责的态度对待工作中的每一件事，他们知道，踏踏实实地做好工作才是在职场中成功的基石。心存感恩的人把工作看成是一种恩赐、一种馈赠。因为接受了恩惠而感恩，所以更加负责任。这样的人，往往会成为职场中真正的胜利者。

企业青睐懂得感恩的人。一个有着感恩之心的员工会执着而无私，敬业而忠诚。无论你在生活还是工作之中，如果始终抱着对生活、对工作感恩的心，就很容易成为一个受欢迎的人，会更有亲和力和影响力，因而生活会更加愉快，工作会更加顺利。

某公司新进了两位员工，分别是刚毕业的硕士生刘小姐和博士生李小姐。在公司里，她们的学历是最高的，本以为到公司就会受到重用，进入重要岗位。可是，安排下来的工作令她们大失所望。她们仿佛成了杂务工，干的活包括厕所卫生，补充办公用品等，于是她们便开始私下埋怨。不同的是，刘小姐开始厌倦这份工作，常常打电话和留意招聘信息，随时准备跳槽，工作扔到一边，常常缺勤；李小姐虽然心里不痛快，却仍然安心工作、任劳任怨，把它作为锻炼自己的机会，相信总有一天会赢得认可。李小姐还深入了解公司情况，学习业务知识，熟悉工作内容。这样，工作五个月后，结果可想而知，李小姐被调到重要岗位，结束了单调而枯燥的工作。刘小姐还没另外找到工作，就已经被辞退。

一个懂得感恩负责的人，永远不会是渺小的；一个不懂感恩、没有责任感的人，永远也不会是伟大的。在一些企业中，之所以有不少员工没有尽心尽力工作，最主要的原因就是他们只是将工作当成一件养家糊口、不得不干的差事，谈不上什么荣誉感和使命感。甚至有很多员工认为，我出力，老板出钱，等价交换，谁也不欠谁的，谁也不用过分认真。对于能够得到这份工作，没有心存感恩，那么必然衍生不负责任的工作态度，因为他们没有给自己找到一个认真负责的理由。

在工作的环境中，在生意的交往中，你到底是认真负责还是应付差事、消磨时间，别人都看得清清楚楚。在工作中，任何细节都可能事关大局，牵一发而动全身，每一件细小的事情都会通过放大效应而突显其重要影响。因此，做任何事都需要认真负责，认真负责意味着专注、思考、创新、唯美、超越、发现、关爱……没有认真负责，你的生活就像一片荒芜的沙漠，连海市蜃楼都不会出现。正是有了认真负责，鲜花才更鲜艳，掌声才更响亮，成功才更有意义。

所以，对每一项工作，我们都必须认真负责。在工作中，没有任何一件事情，小到可以被抛弃；没有任何一个细节，细到应该忽略。一个人如果对待每项工作都很认真负责，那么，不管他处在世界上哪一个不起眼的角落，都终将会脱颖而出。

2

忠于职守，做好本职工作

忠于职守是做好工作的立足之本。在这个世界上，每个人都有属于自己的责任，责任伴随着我们生命的始终。从来到人世间，到离开这个世界，我们每时每刻都要履行自己的责任，对家庭的责任，对工作的责任，对社会的责任，对生命的责任。这些责任是每个人都应认真对待的。懂得感恩的人，才懂得责任的意义，懂得只有做好自己的工作，才是对别人最好的感谢。

★★★★★

潘秀秀是一家公司里一名普通的办事员，但是公司派人去国外考察时，却破例把一个名额给了她。几乎所有的同事都惊羡她的运气，而实际上，这完全是她应得的。

她说："在我刚刚参加工作之时，我的父亲就告诫过我，如果遇到了一位好老板，一定要懂得感恩，要忠心为他工作。于是，在工作中我始终坚持这个原则做事，总是把感恩放在第一，努力做好每一件事，尽职尽责地把自己的工作做好。"这样的表现老板当然会看在眼里，好的机遇当然会给她的。

★★★★★

很多人总是把"感谢"放在嘴上，却把责任抛在脑后。殊不知感恩不只是一句话，一种心态，更多的是一种行动。对于职场员工来说，“努力工作，尽心尽责”就是最好的感恩。

尽责工作，其实就是一种感恩的方式，尽责，就是要好好工作。无论何时、何地、何种情况，人都要振奋精神，以饱满的工作热情，积极有为的工作态度，迎接新的挑战。要加强自身的知识学习，不断提高自身综合素质；要始终把事业放在第一位，要有敬业精神，在不断的实践过程中努力解决自己不懂、不会、不精的问题，使自己真正成为行家里手，成为对社会有用的人才。

宋晓晓在一家公司已经工作两年了，虽然薪水不算很高，但他认为，最重要的是能够学到东西，比较锻炼人。所以，他也一直暗自庆幸自己找了份不错的工作，也因此每天都觉得挺开心，也很感激自己得到的工作机会，工作尽心尽力。大家都很看好他。

但是，最近一次的同学聚会却使情况发生了变化。通过和老同学交谈，宋晓晓发现大家发展得都很好，似乎都比自己强。于是他觉得自己受委屈了，对工作的感激刹那间无影无踪，工作再也提不起兴趣，没精打采，丢三落四。一天，他实在忍受不了了，找到了老板，直接说出了自己的想法，看能不能给他加薪。老板笑了笑说：“上个月你的报表出错，公司为此损失了 2 万多元；前天要你打印的东西模糊不清，客户看了很生气，为此我们损失了一单生意。你该怎么解释呢？”“这不能怪我，当时……”听了老板的话，宋晓晓立刻为自己辩解起来，似乎他一点责任都没有。一个月后，老板把他的工作移交给另一个人，宋晓晓知道这意味着老板要“清理门户”了，于是知趣地递交了辞呈。同事们都觉得很奇怪，老板说：“一个对工作不负责的人，公司是绝不会要的。”

在职场中，尽责是作为一名优秀员工成功的前提，它主要体现在最珍贵的情感和行为的付出上。也就是说，作为一名员工，只有具备责任感，有责任心，才能全心全意地将自己的全部精力和热情都投放到工作中，才能时刻以公司的利益为主，才能在危难时刻和公司同舟共济。

尽责的人懂得感恩，容易获得别人的信任和支持，也值得别人对他委以重任，因此尽责的人更容易获得成功的机会。曾有人对上百家企业进行过深入的研究，目的就是想知道什么因素让一个员工受到老板的重用。结果是，忠于职守、尽职尽责是决定一个员工在企业的地位以及受到老板重用的重要因素。作为一个员工，必须忠于职守、尽职尽责，时刻把公司的利益放在第一位，把自己的本职工作做到最好。

企业犹如一艘驶往成功码头的巨轮，老板就是船长，所有员工则是水手。只有大家朝着一个共同的奋斗目标，各自把自己分内的事做到最好，才能保证这艘船正常前进，平稳、安全地驶向目的地。但如果有人朝秦暮楚，这山望着那山高，不忠于职守，那就等于打烂船只，最终只会让自己落入海里。在其位就要负起责，不忠于职守，甚至连自己的工作都做不好的人，根本没有资格得到更多的回报。

3

保守企业秘密，不背叛企业利益

市场竞争是激烈而残酷的，胜负往往在毫厘之间。一个商业秘密可能关系到公司的生死，一个信息可能左右企业的成败。我国的不少企业都吃过被窃密的苦。比如在一些中外合资项目中，外方以资金入股，中方以技术、土地、厂房等入股是一种惯用的投资方式。但对于用何种技术入股，如何保护有秘密性的技术，则常被忽略，一不小心技术就被忽悠着泄露了出去。因此，感恩工作就要忠于企业，保护好企业机密。

商场的厮杀双方争夺的不是一个山头，不是一个阵地，而是商业秘密，商业秘密一旦被泄露，损失的不仅仅是财产，还可能会导致国家经济秩序的混乱。保守秘密是身为员工的基本行为准则，是事业发展的需要。机密关系到企业的成败，关系到上司的声誉与威望。身为员工一定要对商业机密守口如瓶。保守秘密，是身为员工忠诚使命的具体表现，也是国家法律的基本要求，有利于实现市场公平竞争，保证市场健康有序地发展。

一个人背叛公司，其实也就是背叛自己，最终的结果就是走向身败名裂。懂得感恩的人，任何时候都不会忘记自己的角色，不会损害公司的利益。员工应当忠实维护国家和公司利益，不得利用公司商业秘密、业务渠道、客户资料、生产经营资源等为个人谋取私利。相信大家都有为别人保守秘密的时候，有些秘密小至影响个人名誉，大则会亡国灭种，所以说只要是秘密，往往不会希望太多人知道，尤其是在如今竞争如此激烈的商业环境之中。只要你属于公司的一员，你都有责任替公司保密！

一家报纸曾经报道过一个这样的故事：小周原是某省武警支队的一名班长，退伍时正值重庆一集团公司市场部招聘经理助理，小周前去应聘。在一系列测试中均名列前茅，可在笔试中他却交了白卷。

原来笔试中有一道题："请写出你原单位最秘密的东西和对本公司最有价值的材料"。他写道："我是一名退伍军人，保守军事秘密是我义不容辞的责任，请谅解。"公司负责人看到这份"白卷"后，欣然录用了小周。公司方面认为，保守军事秘密与保守商业秘密同等重要，对原单位不忠诚，也将意味着对本公司不忠诚。交白卷就是最合格的答卷。

人们常说“感恩是忠诚之母”，一个人只有具备了感恩之心，才能在工作中忠于自己的团队，才能成功。一个人要想跨进成功的大门，就必须有一张门票——忠诚。在企业里，忠诚不仅仅是一个人的品质问题，还关系到公司和企业的各种利益。它不仅有其道德价值，还蕴含着巨大的经济价值和社会价值。对于员工来说，不能为了个人私利而出卖公司，这是职场成功者的忠告。在这个世界上，并不缺乏有能力的人，既有能力又忠于企业的人才是每一个企业都渴求的理想员工。忠诚是一个人的基本品格，忠诚的人不管自己是否一直在一家公司供职，不管自己将来是否要调换部门，他们都能冷静地对待自己的工作，尽职尽责。

小静和方岩是大学同学，她们毕业后进入某外企工作，由于喜欢这份工作，也满意公司待遇，平时她们工作都很努力。

时间过得很快，一晃五年过去了，这五年当中，公司里走了很多同事，这些同事的工作能力都没有小静和方岩强；这五年当中，她们在各自的工作岗位上都做出了出色的成绩，公司看她们几年如一日地工作，就提升她们做两个部门的主管。

令人意想不到的是，随着职位的上升，昔日勤奋工作的小静，不再像以前那样敬业地工作了。不但总迟到，而且每月请假次数也多起来。

私下里，小静对方岩说：“我有个网友说，像我们这种在外企做过主管的人，要是再出去找工作，工资绝对比现在高。他说凭咱们的能力，不做兼职太亏了。他邀请我去他的公司做兼职，薪水、职位都比现在高，如果做得好的话，公司还给我分商品房。”

方岩劝她：“现在你职位升了，事情多了，还是想办法把眼前的工作做好吧。做兼职要在不影响本职工作的条件下来做。职场上有些诱惑，听起来很诱人，其实很害人。”

小静笑方岩：“我看你在这里做得思想陈旧了，我觉得有诱惑才有动力。不瞒你说，我现在就在那位网友那里做兼职，现在他给了我一间单独的办公室，还配备一辆轿车。”

方岩说：“天上不可能掉馅饼，特别是在工作当中，如果我们不给公司创造效益，公司拿什么来提高员工的福利待遇呢。他给你这么好的承诺，除非你能在短时间内给他的公司创造巨额财富。”

小静不顾方岩劝说执意做兼职，为了兼顾兼职，她请假次数越来越多。然而，三个多月后，小静以泄露公司商业机密罪被原公司告到了法院。

原来，小静的网友之所以给小静那么高的待遇，是想从她那里套出原公司的一些商业机密。小静因为经受不住诱惑，就这样把自己的前程毁了。

★★★★★

抵制诱惑，关键时刻见忠诚。当今社会，到处都充斥着诱惑，而诱惑对一个职场中人来说，是陷阱，也是考验。忠于企业最基本的一点就是绝对不能做有损于企业的事。忠诚是市场竞争中的基本道德原则。作为企业的员工，应该与企业保持一致，保守企业的秘密，与企业同舟共济。

忠诚，无论对个人还是一个组织来说，都是其存在的基础和发展的根本，谁愿意同一个缺乏忠诚的人或组织打交道？缺乏忠诚，对于一个人来讲，就意味着失去立身之本、为人之道，意味着失去了良心。对于一个企业而言，就意味着失去了客户，失去了市场，失去了外援，也就失去了一切企业赖以生存的环境和空间。所以，作为员工要懂得感恩，要懂得维护企业的利益，保守企业的秘密。

4

服从命令，一切行动听指挥

服从，就是指个体按照社会或群体的要求，或他人的意志而做出的行为。主要包括服从社会规范，服从组织原则，服从团体利益，服从最终决议，服从领导指令。服从是行动的第一步，服从代表着执行力，服从能把大家汇聚成一个团结一致的整体，从而产生巨大的合力。军队是最讲服从的地方，“军人以服从命令为天职”，因为从某种意义上来说，没有服从就没有军队的一切。

孙子是春秋时期有名的军事指挥家，他来到吴国之后，吴王把他当作上宾款待。有一天，吴王对孙子说：“孙子呀，都说你的军事理论很强，我想知道你能不能带兵打仗？”孙子回答道：“您给我兵，我就能带。您给我一支军队，我一定能把它训练成非常优秀的军队。”“无论什么人，你都能把他们训练成一支军队吗？”吴王又问，孙子说：“没问题。”于是，吴王指着自己的宫女说：“你能把我这群宫女训练成军队吗？”孙子说：“您只要给我权力，我就能把这些宫女全部训练成军人。”“好，我给你权力，限时三个时辰。”吴王说。

于是，孙子和吴王的宫女们都站在了训练场上。这些宫女从来没受过军事训练，只是觉得这件事很有趣，大家你推我搡闹作一团。吴王看着这情景，也觉得新鲜好玩，就把他最宠爱的两个妃子也叫了过来，并让她们担任两队宫女的队长。

孙子开始练兵，他大声说道：“大家停止喧哗，马上列队站好，左边一队右边一队。”但是没人听他的话，宫女和妃子还是在原地嬉笑打闹。孙子也不着急，他大声说：“这是我第一次说，大家没听明白，这是我的问题。现在我第二次要求你们列队。”这些“女兵”依然没什么反应，玩笑依旧。这时孙子又说话了：“我第一次讲话大家没听明白，那是我的错；第二次没听明白，可能还是我的错。下面我开始说第三遍——大家列队，左队站左边，右队站右边。”

第三次说话结束了，还是没人按照口令行事。孙子沉下脸来严肃地说：“第一次大家没听明白，是我的错误；第二次大家也没听明白，还是我的错；但是，第三次没听明白就是你们的问题。来人，把那两个队长带到一边去，立刻斩首。”马上有士兵上来把那两个妃子抓了起来。这时，吴王赶紧对孙子说：“不能这样！我只是说着玩的，千万别动真的。”孙子说：“你是不是给我权力了？现在军权在我手中，立刻斩首。”士兵咔咔两刀把两个妃子砍了。见到这种阵势，众宫女马上肃然而立，所以，没用三个时辰，两个队列就成形了。于是，孙子对吴王说：“大王您看，您现在可以让她们做任何事情了。”

企业虽然不是军队，但企业同样需要服从。在企业中，如果思想不统一，每个人都有自己的想法，这就像用很多匹马拉的马车，没有统一的指挥，每匹马都朝着自己的方向走，车会原地不动，或者倒退。这就要驾车的人统一群马的行进方向，群马也要服从指挥，马车才能前进，也才能体现群马的价值。作为企业的一员，我们应该认识自我、反省自我、学会感恩，以感恩的态度去工作，去克服困难。服从领导，听从指挥，用感恩的心摆正与上级的关系，恪尽职守，无私奉献，从而助企业赢得成功。

在企业中，一个积极主动、心怀感恩的员工，也必定是一个具有强烈纪律观念的员工。可以说，纪律永远是忠诚、敬业、创造力和团队精神的基础。对企业而言，没有纪律，便失去了一切。没有铁的纪律约束，企业员工就失去了责任和目标，就会导致不敬业、没责任、不诚实、不执行等不良现象的发生。

★★★★★

采购部的经理葛琳放下电话就嚷了起来："糟了，糟了！那家便宜的东西根本不合规格，还是迈克尔的货好。"他狠狠地捶了一下桌子说："可是，我怎么那么糊涂，还发 E-mail 把迈克尔臭骂一顿，还骂他是骗子，这下麻烦了！"

秘书苏珊小姐转身站起来说："是啊！我那时候不是说吗，要您先冷静冷静，再写信，您不听啊！"葛琳说："都怪我在气头上，以为迈克尔一定骗了我，要不然别人怎么那么便宜。"葛琳来回踱着步子，突然指了指电话说："把迈克尔的电话告诉我，我打过去向他道个歉！"

苏珊一笑，走到葛琳桌前说："不用了，经理。告诉您，那封信我根本没发。"葛琳惊奇地停下脚步，问道："没发？"苏珊笑吟吟地说："对！"葛琳坐了下来，如释重负，停了半晌。突然抬头问："可是，我不是叫你立刻发出的吗？"

苏珊转过身，歪着头笑笑，说："是啊，但我猜到您会后悔，所以就压了下来。"葛琳惊讶地问："压了三周？"苏珊得意地说："对！您没想到吧？"葛琳冷冷地回答："我是没想到。"葛琳低下头去，翻记事本："可是，我叫你发，你怎么能压？那么最近发南美的那几封信，你也压了？"苏珊说："那倒没压。我知道什么该发，什么不该发！"没想到葛琳居然霍地站起来，沉声问道："是你做主，还是我做主？”

苏珊呆住了，眼睛一下子湿润了。颤抖着问道：“我，我做错了吗？”葛琳斩钉截铁地说：“你做错了！”苏珊被记了一个小过，但没有公开，除了葛琳，公司里没有任何人知道。真是好心没好报！一肚子委屈的苏珊再也不愿意伺候这位是非不分的上司了。她跑到克里经理的办公室诉苦，希望调到克里的部门。克里笑笑：“不急，不急！我会处理。”隔两天，克里果然做了处理，苏珊一大早就接到一份解雇通知。

★★★★★

不服从上司的工作安排，后果只能是付出代价。苏珊小姐擅自做主最后导致被解雇。作为企业的员工，你必须知道，无论你帮上司管了多少事情，也无论上司多糊涂，甚至依赖你到连电话都不会拨的程度，但他毕竟还是你的上司，遇事也还是由他做主，所以你也只能服从。

服从是一种美德，是执行的前提，也是行动的第一步，有服从才有执行力。对于公司员工来说，尽管所担负的责任不同，工作岗位各异，但服从的意识应该是一样的。在企业，纪律就是各种各样的规章制度的统称，它赋予了员工权利和义务，规范了企业对员工的要求。

心怀感恩的员工要牢记服从，任何时候都要视服从为第一。一个团队如果下属不折不扣执行上司的命令，就能够发挥出超强的执行能力，使团队胜人一筹。所以，员工也要把服从视为天职，任何时候以服从命令、服从指挥为荣。在工作中，服从有四个标准：

第一，服从不讲面子。把工作和个人情绪混淆是非职业化的行为，而具有职业化素质的员工，上级一旦安排了工作，就应该无条件地立刻行动，服从面前没有面子可言。

第二，服从要直截了当。在企业中，需要这种直截了当、畅通无阻的传递，没有“顾忌”，没有“烦琐”，无须协调，无须磨合，全力而迅速地执行任务，这是一个非常重要的指标，是管理效能非常重要的一个方面。

第三，先接受后沟通。要知道你的某项任务只是你部门工作的一个环节，你这一个环节执行不到位，会影响到其他工作的进程。所以，上司将任务分配给你，包含了他个人的判断，而你认为“不可行”，那只是你自己的判断。你可以先接受他分配给你的任务，如果执行中出现了问题，再去和上司沟通。尤其不应该马上推辞，并列出一堆理由来说明你的困难，这是最不受领导欢迎的。切记这一点。

第四，有令即行。立即行动是一种服从的精神。如果每一个环节都有令即行，就能积极高效地在第一时间内出色地完成既定的任务。

服从不是屈服于别人的意志，而是高度自律的表现，是对一个团队的高度认同，是忠诚于团队、感恩于企业的表现。好员工视服从为天职，将服从当成习惯，乐于服从，坚决服从，把企业的整体利益放在首位。在工作和各项活动中，以企业为家，以企业为荣，全力维护企业的各项利益，最终使企业兴旺发达。

5

勇于承担，不要把问题留给老板扛

工作和生活中，很多人会为一个路人的点滴帮助而感激不尽，却往往无视与自己朝夕相处的老板所给予的种种恩惠。他们缺少感恩之心，不懂得承担责任，而是习惯于把责任推给别人。这样的人是难以有所成就的。

赵云是一家公司销售分公司的经理，有一次公司的产品在他负责的区域内发生了一起质量事故，而恰好当地的负责人又出差不在。按照惯例，这种情况必须由他出马，在第一时间内赶到现场处理，可是赵云知道他面临的问题非常棘手，害怕担当责任。于是，在总公司给他下指示之前，赵云以身体有病为由，向公司告假。

在这种情形下，总公司只好派了一位赵云的助手去处理。助手毕竟对情况不熟悉，经验不足，不但没使事态平息，反而使事件进一步升级，影响更坏，总公司不得不另外派人去处理。最后，这次质量事故引起的风波虽然得到了平息，但是公司也付出了很大的代价。

公司最后决定追究责任，经过调查，如果赵云第一时间赶到现场处理的话，就不会造成那么大的损失。但是赵云却以自己告假为由，称自己并不知道这起事件的具体情况，一切都是助理去处理的。虽然赵云把责任推到了助理身上，但是总公司还是对赵云的工作态度不满，不久，就调离了他。

★★★★★

通常我们对一个人的评价好坏，关键在于他是否敢于担当。敢于担当必须不计个人得失，遇到困难不畏缩，对自己的行为负责。无论是在工作还是生活中，我们都必须要有这样一个信念，事不避难，敢于担当，不找任何借口。

但有些员工并不明白这样的道理，碰到问题就躲，遇到事情就推。比如老板交给一个员工一项任务，过了不久，这个员工就去敲老板办公室的门，征求老板的意见，甚至告诉老板这个问题他解决不了。这样的员工在问题面前不是想方设法去解决，而是想方设法去逃避。他们对问题完全是避之不及的态度，害怕责任落在自己的身上。更有甚者会将问题直接推到老板身上，他们认为只有转交给老板才是最稳妥的，这样既能解决问题又能推卸责任，即使事后问题没有解决，老板也不会责怪自己。如果所有的问题都是老板想到了解决的方法，自己再去按照老板的方法做，那就更为稳妥了。如果老板都聘用这样的员工，那么恐怕任何公司都会面临业绩下降的危险，因为他们的员工不仅不能创造价值，还会制造一大堆问题。这样的员工，哪个公司愿意留下呢？

敢于担当是成功的第一要素，也是感恩的具体表现。因为感恩，才无所畏惧，勇敢承担，愿意为公司、为企业担当一切。老板所关心的也应该成为你所关心的，老板的事也应该是你的事，员工与老板在一起，为公司更好的发展而出谋献策。“桥的价值在于承载，人的价值在于担当。”一个人敢于担当，生命才会更有意义。

★★★★★

一个普通员工小刘在谈到她被破例派往国外公司考察时说：“我和某位同事虽然同样都是研究生毕业，但我们的待遇并不相同，他职位高一级，薪金高出很多。庆幸的是，我没有因为待遇不如人就心生不满，仍是认真负责地做事。当许多人抱着多做多错、少做少错、不做不错的心态时，我尽心尽力做好我手中的每一项工作。我甚至会积极主动地找事做，随时了解领导有什么需要协助的地方，事先帮领导做好准备。在后来挑选出国考察人员时，我是唯一一个资历浅、级别低的普通员工，这在公司里是极为少见的。”

★★★★★

担当是一种态度，亦是一种责任。每个员工都应该明白，工作的职责就是你的使命。在获得回报之前，你必须先承担起相应的工作责任，将责任感和使命感融入到工作中，做好该做的事，负起应负的责任，即使困难重重，也要顶着压力干、迎着风险干，自觉做到敢担当，能担当。这是成为一名优秀员工和成就一番伟大事业的前提。

★★★★★

刘晓菲毕业后进入一家化妆品公司工作，培训结束后没有几天，经理决定让一个有丰富经验的老员工到华南一个城市里建立一个新的市场拓展点，公司在背后提供一些人力和物力的支持。但是，当经理提出这个建议时，那些老员工们个个低头沉思，都没有主动请缨。此时，经理的目光在刚进入公司的一些新人身上巡视了一遍，大家也都低下了头。此时，刘晓菲热血沸腾，举起手说："报告经理，我想去。"

"但是，你……"经理话还没有说完，刘晓菲便抢着说："我会努力地把事情做好的。"出于对新员工的考验，经理同意了她的要求。下班后，刘晓菲为自己一时的冲动有些后悔，回到家中，父母和哥哥也指责她少不更事。但是刘晓菲却鼓励自己说："就冒这一次险，权当是对自己的一次磨炼。"因此，她便轻装上阵了。

出于对刘晓菲这个新员工胆识的赏识，公司给她制订了一套严谨的工作方案，并在后方提供咨询服务。经过三个多月的艰苦奋战，刘晓菲终于在华南的那个城市里建起了一个小规模的市场拓展点，因此被提拔为那里的部门副经理。同时，在开展这项工作的过程中，她的见识和能力也因此实现了飞跃式的突破。

★★★★★

无论你从事的是何种职业，无论你现在身处何方，都不要以为自己只是在为老板工作。如果你认为工作的最终受益者是老板，那你已经犯了一个大错。不论你现在的薪水高低，不管你现在是否得到老板的器重，只要你尽职尽责，全心全意地做好本职工作，毫无吝惜地将精力与热忱投入到工作中，你就会发现：为老板干，就是为自己干。只要你敢于担当，勇于负责，你的机会将无处不在。

古人云：顺境逆境看襟怀，大事难事看担当。能否担当，担当大小，体现了一个人的胸怀、胆识和气魄。胸怀大了，境界才能宽，做人做事的格局才会大。胸怀坦荡，光明磊落，想问题、看事情才能具有宽广的视野，才能洞察事物的发展大势和基本走向，才能够从大局出发，才能够敢于担当、有所担当。一个成功的人是不会去逃避自己的任何责任的。担当的担子挑的是沉甸甸的责任。因此，在工作中，心怀感恩的人要把担当扛在肩上，带头勇挑重任，不能采取回避、躲闪、推脱的方式当甩手掌柜，更不能把问题丢给老板。感恩老板就要敢于担当，为老板排忧解难。

6

尽职尽责，不糊弄自己的工作

在职场中，有这样一类人，他们对待工作总是敷衍了事，觉得“差不多就行了”，而且这样的人还不在少数，所以在工作中能省力就省力，能糊弄就糊弄。他们不仅自己对工作毫不负责，还嘲笑那些脚踏实地的老黄牛，看不起那些兢兢业业的同事，认为他们都是“傻帽儿”。实际上，这些人看似“聪明”，能马马虎虎应付完每一天的工作，以为自己付出的少，好像占了便宜。殊不知，一个人如果糊弄了工作，也就是糊弄了自己，耽误了自己的前程。

★★★★★

张平是一家大型企业的员工，他头脑聪明，做事能干，事业前景一片光明。眼看晋升的日子要到了，而他也自信满满，认为这次的晋升非自己莫属。然而天有不测风云，他的这一美梦由于一时的糊弄工作，最终鸡飞蛋打。

原来，张平是个球迷，当世界杯开始的时候，他就像屁股下长了刺似的，总不能安心坐在自己的位置上做事情。一天下午，工作才进行到一半，张平又忍不住了，非要去看球赛。同事劝他应该把工作完成，否则老板会生气的。张平却笑着说，老板不会知道的，更何况这么简单的工作我已经做好了3/4，等我回来再继续。于是张平偷偷地离开了办公桌，到员工休息室看电视去了。

半小时后，当他乐滋滋地赶回自己的办公室时，发现一切正常，而且同事们也都在忙碌着，于是他放心地回到自己的桌子旁。就在这时，他忽然看见桌子上的一张纸条，立马惊呆了。上面写道：既然你那么喜欢看球，不如回家尽情去欣赏好了。下面是他熟悉的老板签名。原来，就在他刚离开不久，老板来到办公区找张平，结果，老板在他办公室左等右等，还是等不来他，而且电话也打不通。于是，老板勃然大怒，毅然辞掉了这位原本很有潜力的员工。

失业的张平后来辗转应聘了几家公司，但始终未能找到适合自己的工作，收入每况愈下，生活也日渐潦倒。他为那次糊弄工作的事情而深深地后悔。

★★★★★

身在职场，只有对工作毫不含糊、认真负责地去做才能做好。只有怀着高度的责任感，每天出色地完成工作，才有可能很快获得提升。所以，要想忠于工作，负起责任，对待工作就不能有丝毫的马虎。对每个公司来说，老板都不会容忍那些只拿薪水，却对工作敷衍的员工。因为他们深知，如果公司内有员工糊弄工作的话，这个员工就会像一只烂苹果一样，迅速殃及箱子里的其他苹果，逐渐把整个企业慢慢腐蚀掉。所以，无论什么企业，那些糊弄工作的人早晚会沦为裁员的“首要人选”。

糊弄工作的人，不懂得感恩，因为在他们心中，工作只是一份差事，而不是一种责任。他们把工作看成是换取薪水的途径，根本没有感激工作带给他一切的这种想法。不懂得感恩，才糊弄工作，而糊弄工作最大的受害者必定是他自己。

职场中，许多人失败的最大祸根就是养成了糊弄工作的习惯，而成功的最好方法就是心怀感恩，不懈怠不敷衍，自己应该做的事情一定要保质保量地完成。不要以为自己不做会有人来做；也不要以为自己的不负责任不会有人发现，或对企业不会有什么影响；也不要只注意数量而不在意质量，潦潦草草地完成任务，这样的态度怎么可能会有好结局呢？如果以这样的态度对待工作，再优秀的人也不会成功。

懂得感恩的人，会自觉在本职岗位上履行职责，兢兢业业，克己奉公，堂堂正正做人，勤勤恳恳做事，干干净净过日子，恪尽职守，努力工作。人尽其责，是确保各项工作正常运转的基础。现在，很多企业的工作得不到有效落实，一个重要原因就是有一些人没有尽到自己应尽的责任。这种责任的缺失，表现为失职、渎职，表现为行动不力、落实不够，表现为敷衍塞责、马虎大意。糊弄工作，最终害了企业也害了自己。

所以，要树立感恩之心，高质量地履行自己的职责。如果把企业看作是一台正在运转的机器，我们每一位员工都是机器上的零部件，大到齿轮，小到螺丝钉。唯有承担起自己的责任，把自己的工作做好，才能保证机器的有效运转。每个人都要自觉坚守自己的岗位，做好本职工作，担当起工作职责，企业才能发展壮大，员工自己也才能从其中获得更多的利益。

感恩需要奉献精神，不要一味地索取，要懂得奉献并从奉献中得到快乐。工作中，多问问自己“我还能做些什么”。全心全意、尽职尽责之外，再多做一点、做的更多一点，给自我的提升创造更多的机会。正如《把信送给加西亚》中所写：忠诚与敬业的最大受益者是自己！

英国作家萨克雷说：“生活就是一面镜子，你笑，它也笑；你哭，它也哭。”当一个人懂得感恩时，他就会将感恩化作一种充满爱意的行动。在工作中学会感恩，承担责任、努力奉献，就会得到数倍于你想象中的回报！

第四章 懂得感恩才会敬业，付出越多越容易成功

无数事实证明：成功的最短途径是勤奋。在职场中，不论我们从事何种行业，只有带着一种感恩的心态，勤奋敬业地工作，才有可能获得最大的成功！心怀感恩的人懂得用勤奋敬业来捍卫自己的职业，积极主动地去做公司需要的事，并最终成为公司的中流砥柱。

1

不懂感恩的人只会懈怠工作

不懂感恩，缺乏感恩心态，是很多职场中人工作态度上的最大问题之一，同时也是最让老板头痛的问题之一。一个人对工作不尽力、对公司不感恩、对财物不珍惜、对人对事缺乏热情与主动、工作生活懈怠，甚至只知道获取，不知奉献。这样的人一定缺乏正确的生活观、工作观、人生观。态度决定高度，这样的人在职场上注定会平庸一生，成为职场上的失败者。

★★★★★

赵莹莹是某公司的销售人员，每天早晨在闹钟响过多次之后才能勉强起床。她把一天的工作看作是痛苦之旅，从早上起床那一刻起，就抱着“混”的态度。来不及吃早餐，赵莹莹就匆匆忙忙地赶往公司。人是到公司了，可是神情恍惚，连主管的工作布置都没听清楚。上午，赵莹莹被安排去拜访客户，却由于所带资料不全遭到拒绝和冷遇。跟从前一样，一笔订单又一次被她搞砸了，赵莹莹心里很难受，每当这时候她都感觉世界末日要来临了。她安慰自己说:“争取下一次。”回到公司，需要对每天的客户进行回访，可她却懒懒地坐在办公桌前发呆，心里已经想着下班去哪里消遣，晚饭吃些什么。下班时填工作报表，她胡乱地写上几笔，便飞奔出公司，就这样，赵莹莹一天的工作结束了。

这样的员工是没有什么发展可言的，做一天和尚撞一天钟，得过且过，迟早有被淘汰的一天。

“什么样的心态造就什么样的人生。”同样，我们以什么样的心态来对待工作，企业就会以什么样的态度对待我们。疏忽、畏难、敷衍、偷懒，在公司中我们经常听到老板这样批评员工。在一些公司中，员工对主动工作的认识不足成为制约企业发展的最大问题。他们做事总是不用心，对工作能敷衍就敷衍、能应付就应付、能逃避就逃避，老板让怎么做就怎么做，表现十分被动。怀着这样的态度工作，公司效益可想而知。

工作就是我们生命的舞台，工作的成败预示着人生的成败。也许，世界上不会每一件事情都能顺应自己的心意，也不是每一份工作从一开始就会适合自己。如果我们抱着一种浑水摸鱼的工作态度，就会把工作当作一种痛苦的历程，便会心生不满，凡事抱怨，敷衍了事，从而一事无成。反之，如果我们摆正心态，选择正确的工作态度，那么事情的结果便会截然不同。

不同的态度，成就不同的人生。有什么样的心态就会产生什么样的行为，而行为则决定了结果。摆正心态，选择感恩的工作态度，事业的前程才会日益宽广。

曾经有一位经理这样讲述了他的亲身经历：

从十几岁开始一直到大学，我做过各种工作——从修理自行车到挨家挨户推销词典，有一年我甚至为一场选美比赛工作了整整一个夏天，任务是回收那些已经订购却未付款的票。此外，我还在一些家庭做数学家教，担任商店的收银员、出纳以及夏令营童子军教练。为了完成大学学业，我替人打扫、整理房间。

这些工作挣不了几个钱，但这几个钱是我当时需要的，说心里话，我当时是看不起这些工作的。

但是，最终我知道，我并不是真的一无所获。这些工作以一种潜移默化的方式教会我很多珍贵的东西，就以我在商店做收银员的工作为例，当时，在很长一段时间，我认为自己是一个好雇员，做了自己分内的事——收款。但是后来发生的一件事改变了我的这种看法。

有一天，我觉得分内的任务完成了，便和同事闲聊起来，经理走了进来，四处看了看，然后示意让我跟他走。他一言不发地走到柜台前，动手整理商品，又走到食物区，将购物车清空。

看着经理的一举一动，我很羞愧，以往没有人告诉我要这样做，但我自觉的话应该能看到工作中的不足。

这件小事令我受益良多，它不仅使我成为一名更优秀的雇员，而且教会了我如何从每一项细小的工作中获得更多的东西。不仅要对自己分内的工作尽职尽责，还要好上加好，精益求精。

有了这次教训，我从内心改变了对工作的看法，我越是专注自己的工作，学会的东西就越多，受益就越大。

这个阶段的经历对我的人生、事业影响颇为深远。后来我上了大学，从一个事不关己高高挂起的旁观者变成了有责任感的人。它使我的大学生活变得丰富起来，兼职和实习也成为探索未来发展的机会。

毕业后，当我成为一名管理者时，我依然在努力发现那些需要做的事情，不断超越他人——不仅为自己的雇主努力工作，也是为了使自己能出人头地。

没有不重要的工作，只有不感恩工作的人。唯有感恩工作，才能造就人格上的高贵及事业上的辉煌。感恩工作，摆正心态，以满怀激情和富有兴趣的心理状态对待每一件事情并力求完美。这样，不仅能得到应有的报酬和晋升的机会，还会得到更有价值的东西——品格的锤炼、才能的展现和经验的积累。

不懂感恩，只会懈怠工作。如果我们摆正心态，选择正确的工作态度，感恩工作，视工作为享受，就会积极地去投入、去努力、去享受，并从满意的结果中体会到快乐，于是便有了“努力工作——取得成果——感受快乐”的良性循环。

2

感恩工作，才会用发自内心的勤奋来回报

对职场人士来说，感恩工作、勤奋努力是最完美的职业态度。只有勤勤恳恳、扎扎实实地工作，才能把自己的才能和潜力全部发挥出来，才能在短时间内创造出更多的价值，才能在竞争如此激烈的职场中让别人看到你，从而成为职场中的佼佼者。

★★★★★

20世纪90年代，心理学家埃里克森在柏林音乐学院做了一个实验。

在老师的帮助下，他把音乐学院中学习小提琴演奏的学生分为三组。第一组是学生中的明星人物，具有成为世界级小提琴演奏家的潜力；第二组学生只是被大家认为比较优秀的学生；第三组学生的演奏水平被认为永远不可能达到专业水准，他们将来的目标只是成为学校的音乐老师。

接下来，所有学生都被问到同一个问题：从拿起小提琴到现在，你总共练习了多少个小时？

所有的学生，都开始回顾过去的时间，差不多都是从5岁的时候开始。开始的几年内，所有人的练习时间都差不多，一周2～3小时。到8岁左右，那些明星学生的练习时间开始多于其他学生：9岁的时候每周6小时，12岁的时候每周8小时，14岁的时候每周16小时。

结果是：到20岁的时候，第一组的学生的练习时间差不多达到了10000小时。第二组的学生的练习时间约为8000小时，而未来的音乐教师，他们的练习时间只有4000小时。

随后，埃里克森又在业余演奏者和专业演奏家之间进行了比较，结果一模一样：到20岁左右，业余演奏者的练习时间约为2000小时，而专业演奏家的练习时间竟然都超过了10000小时。

这就是“一万小时定律”，也就是“任何一项工作，当你练习超过10000小时时，你就会成为专家”。这项研究案例向我们表明了这样一个事实：只有付出了辛勤的劳动，才会有丰硕的成果，不劳而获的事情从来就是不存在的。

一个人的进取与成才，环境、机遇、天赋、学识等外部因素固然重要，但更重要的是自身的勤奋与努力。缺少勤奋的精神，哪怕是天资奇佳的雄鹰也只能空振双翅；有了勤奋的精神，哪怕是行动迟缓的蜗牛也能雄踞塔顶。

勤奋是实现理想的奠基石，是补拙益智的催化剂，是通向成功彼岸的桥梁。只有那些勤奋努力的人，才能把自己的事业带入成功的轨道，这是亘古不变的真理。成功不单纯靠能力和智慧，更要靠敬业和勤奋，而且是那种发自内心的感恩工作、回报工作的勤奋。

刘德华能成为演员、歌手、作词人、制片人，成为影视歌多栖发展的代表人之一，是因为他的勤奋，而他的勤奋源自于他的感恩。

17 岁的刘德华刚步入娱乐圈时，只能算做是浩瀚大海中的一滴水，浩瀚夜空中的一颗星，平凡而普通。从演小配角开始，摸爬滚打，除了勤奋还是勤奋。但他却非常感谢上苍给他这样的机会，也感谢生活中给他机会的每一个人。

刘德华开始学唱歌时，一直被喝倒彩；在尝试写歌词时，前辈批评他文理不通，应该先去中文系学几年再说；即使唱红之后，依然有电台老板评论他根本不懂唱歌，更没有唱歌的天分。别人花一个小时能做成的事，他需花三个小时才能做成。然而，他从无怨言，反而把这当成是上苍对他的特别的眷顾，是要让他这个没有歌唱天赋的人也能唱歌。所以他只能投入更多的精力，更加勤奋努力地回报上天的这份宠爱。最终，通过坚韧不拔的执着和努力，这个“笨小孩”最终被评为“世界十大杰出青年”之一。直到现在，他的歌和电影依然红火，是演艺圈里不可多得的“常青树”。刘德华自己说，他最大的特点就是勤奋，下的功夫比别人多三倍，才能和别人一样。

随着年龄的增长和成就的增多，刘德华越来越谦逊，越来越懂得感恩。他说:“之前，我的埋怨比较多，什么事情也要问个为什么，追究出所以然。可现在，我较能安于现实。虽未至于无求，但也不会因为某一件事不称心如意而受影响，心境较以往平静得多了。以前完全站在自己的立场看问题，事情做不好，会怪人、怪自己，放不下，现在好一些，懂得了感恩，懂得了包容，心也轻松了好多，没有什么大不了的!”

从古至今，从国内到国外，凡是有所成就的人，他们都付出了人们难以想象的艰辛，许多人都只看到了他们头上的光环，却往往忽略了他们在成功道路上付出的努力，忽略了他们因为感恩而更加努力、以更加勤奋付出来回报这样的机会的心！

成就人生和事业成功的基础只能是勤奋，而甘心付出的源头则是感恩。如果你总是羡慕着别人的成功，却不肯迈出努力的脚步，不肯怀抱感恩之心，自动自发地为工作付出努力，那么你将离成功越来越远。

世界上没有任何东西可以代替勤奋，即便是高超的天赋也不能代替。勤奋工作既是一种能力和克己的训练，也是创造辉煌成就的前提。勤奋工作能激发人内在的激情，勤奋是永不过时的职业精神。不论在什么时代，什么潮流和什么思想下，勤奋永远是受人尊崇的职业品质。

但是有一些人在工作岗位上，总是觉得自己大材小用，总是对自己的工作充满了抱怨，总是认为自己应该干更重要的工作。还有一些人总是抱着一种单位需要我、工作需要我的态度，却从没有想过，这个世界根本没有哪份工作必须你来做才能完成，而是你必须要有一份工作来维持你的生活，愉快地度过你的人生。不是公司要感谢你，而是你要感谢公司，也不是工作要感谢你，而是你要感谢工作！

★★★★★

某记者在谈到自己之所以不惧生死、不畏劳苦、忘我工作的原因时说："我感谢我的工作，我的工作让我有了追求，也有了一份薪水能养我的家、我的孩子，供我的房子。所以我要用加倍的努力来回报它。"

★★★★★

的确，有了工作，我们才有生存的基础、生活的来源，才能更好地热爱生活。如果我们连一份工作都没有，还谈什么理想，什么价值，什么人生追求？

现实生活中，很多人都拥有一份令人羡慕的工作，然而，他们却身在福中不知福，不懂得珍惜自己的工作。有的人甚至把工作当成了包袱和负担，对工作抱着一种应付的态度，当一天和尚撞一天钟，得过且过。有的人尽管拥有着舒适的工作环境和良好的工作平台，却没有把心思放在工作上，把精力用在岗位上，他们更多的是贪图享受，按月领取那份工资和奖金，对工作敷衍塞责，有的甚至还利用手中的职权去干一些损公利己的事。这样的人，迟早会被公司解雇或受到应有的处罚。

珍惜才会拥有，感恩才能长久。只有珍惜工作，我们才能热爱工作、热爱事业，才能释放出对工作的积极性和创造性，才能百分之百地投入到工作中去，才会全力以赴地把自己的工作做到最好，从而追求更美好的人生。

3

爱岗敬业，兢兢业业

“爱岗敬业”的本义就是敬重、热爱自己的工作，把工作当成自己的事，每一件事无论大小都认真去做。其具体表现为勤勉尽责、一丝不苟、善始善终，这其中更糅合了一种使命感和道德责任感。这种爱岗敬业精神就是最基本的工作之道。没有爱岗敬业精神，做不好工作，你又怎么能立业。

爱岗敬业的最大能力来源于我们对工作的感恩态度，感恩之心不仅能激发我们最大的潜能，也是一种智慧的体现。很多人整天唉声叹气、毫无斗志、满腹怨言。他们总认为自己倒霉，没有碰到好领导、没有找到好工作，工作辛苦且薪水只有一点点。可是，如果没有一颗感恩的心，如果没有一点儿敬业精神，老板怎么愿意把机会给你呢？你又怎么能找到好工作呢？你的薪水又怎么高得起来呢？

★★★★★

郭涛是一家公司的业务员，他已经在公司工作五年了。在这五年里，郭涛给老板和同事都留下了良好的印象。因为他对工作一直都抱有一种感恩的态度，他是全公司里最敬业的人。

一次，公司想要开拓南方市场，可是派出去的负责人一个个都业绩平平，这让公司老板很不满意。如果不能在短时间内确定公司的市场地位，那么不出一年，其他公司就会见缝插针。后来老板决定让郭涛前去试试。

郭涛心想，既然老板把这个重任交给了自己，就是对自己的信任，所以无论如何也不能让老板失望。可到底该怎么做呢？经过一番深思熟虑后，郭涛决定找一家实力雄厚的代理公司做突破口，进而彻底打开销售局面。于是他很快在候选公司中找到了一个实力最雄厚的公司，起初这家公司的老板并没有合作的意图，但禁不住郭涛的三寸不烂之舌，老板同意先试销一段时间。这可把郭涛乐坏了，他当即决定立即取消削价销售，并在当地报纸上扩大宣传力度。

为了开个好头，郭涛带领两名得力干将亲自上阵了。当天中午，代理公司就送来了好消息，产品已经售出了20台，不到一个月的时间，竟然卖出了800多台。就这样，公司终于在郭涛的努力下打开了南方市场。

★★★★★

感恩不纯粹是一种心理安慰，也不是对现实的逃避，而是具有爱岗敬业精神的员工所拥有的最高“职场智慧”。爱岗敬业的人不仅能获得上司的赏识，还会赢得他人的尊重。所以，公司需要爱岗敬业的员工。

员工只有懂得感恩，才会爱岗敬业，才能算得上是一个优秀的员工。

感恩、敬业的员工不怕付出，对于他们来说，付出并不意味着失去，相反还有可能得到更多。其实，得到或得不到，他们并不在意，感恩与敬业只是他们的一种优秀品质而已。这样的员工才是企业最需要的人。

★★★★★

在一家酒店里，一位员工接到一位台湾客人的电话，说自己不慎在酒店里遗落了一包回家祭祖时从祖坟上带来的泥土，这包泥土对于他来说非常珍贵，请工作人员一定要帮他找到。这位员工翻遍酒店所有的垃圾袋，最后找到了那包泥土。毫无疑问，那位台湾客人自然非常感激。

★★★★★

这个故事突出体现了员工的爱岗敬业精神。敬业才能立业，敬业是公司的需求，也是员工对自己未来负责的一种表现。一个企业的员工如果不敬业也就无法给顾客提供高质量的服务。任何一个想在市场竞争中立于不败之地的企业，都必须有一大批敬业的员工。敬业是立业的前提和基础，也是员工必备的职业道德品质。

在一家企业里，每个人都有自己的工作岗位，每个工作岗位都包含一份责任。岗位职责是企业组织对岗位或职位在功能上的特定要求。岗位职责的出现，是由企业的战略和组织目标所决定的。岗位职责确定之后，岗位的工作内容和范围就此也能相应地确定，从而有效避免了岗位与岗位之间、部门与部门之间产生矛盾和冲突，使其既能各行其职，又能彼此协调合作。但在现实工作中，总有一些员工，他们或是趁老板不注意时偷偷地玩游戏，或是煲与工作无关的电话粥，或是将本来属于自己的工作推托给其他同事，却总是认为别人比自己干得少；或是当老板布置一项任务时，不停地阐述这项任务有多艰巨，暗示老板在自己做成之后给自己加薪或者做不成也情有可原，因为这的确不是一项容易的工作。正是因为如此，他们的工作效率总是如此得低，顾客的满意率怎样都提不高，其薪酬、职位自然也就长期得不到提升。

所以，爱岗敬业是很有必要的。爱岗敬业的人会朝气蓬勃、豁达睿智、懂得感恩。怀着一颗感恩的心工作，你就会干劲十足，并且能够体会到工作中的无限快乐。也许，你现在的工作不是你最喜欢的，即便如此，你也应该感谢这份你不喜欢的工作带给你的体验和锻炼，是它，为你奠定了向终极目标前行的基础。

王刚是个农民工，两年前经老乡介绍来到北京一家工厂做仓库保管员，工作虽然不繁重，无非就是看看大门，关关门窗，注意防火防盗等，但王刚却十分认真负责，他不仅每天做好来往的工作人员提货日志，将货物有条不紊地码放整齐，还一有空闲就对仓库的各个角落进行打扫清理。两年下来，仓库居然没有发生一起失火失盗案件，其他工作人员每次提货也都会在最短的时间里找到所提的货物。

对于王刚做的工作老板看在了眼里记在了心上。在工厂建厂十周年的庆功会上，老板按老员工的级别亲自为王刚颁发了5000元奖金。好多老员工表示不理解，王刚才来厂里两年时间，凭什么能拿到这个老员工的奖励呢？

老板看出了大家的不满，于是说道："你们知道我这两年中检查过几次咱们厂的仓库吗？一次都没有！这不是说我工作没做到，其实我一直很了解咱们厂的仓库保管情况。作为一名普通的仓库保管员，王刚能够做到两年如一日地不出差错，而且积极配合其他部门人员的工作，对自己的岗位忠于职守，比起一些老职工来说，王刚真正做到了爱岗敬业，我觉得这个奖励他当之无愧！"

只有每天都能够怀着一颗感恩的心的人，才能踏踏实实地工作，才能走上成功的大道，收获到更多的财富。爱岗敬业是员工的一份工作宣言。在这份工作宣言里，你首先表明的是你的工作态度：以高度的责任感对待工作，不懈怠工作，对于工作中出现的问题敢于承担。这是保证你的任务能够有效完成的基本条件。

在现实中，很多员工对企业给自己提供的工作毫无感激之情，并且在工作中拖拖拉拉，把工作视为苦役、视为精神的折磨。他们每天一觉醒来，映入脑海中的第一件事便是“痛苦的一天开始了”，磨磨蹭蹭到达公司之后，便开始无精打采地应付差事，缺乏兢兢业业之心。这样的人是很难成功的。

4

自动自觉，主动做事

一个人能否积极主动地工作，关系着他能否把工作做好。一个人无论能力高低，只要能够积极主动地做好自己的事情，认真负责地做好自己的本职工作，就是企业需要的人才。不论我们在做什么，都应该自动自觉地去工作，并尽力把它做得完美一些。只要抱着这种感恩态度，任何人都有可能成功。

★★★★★

安德鲁·罗文的故事发生在一百多年前，美西战争即将爆发，为了取得战场上的主动权，美国总统麦金莱急需一名合适的送信人把信送给古巴的加西亚将军。

军事情报局向总统推荐了安德鲁·罗文。罗文在接到总统交给他的“送信”任务后，便马上去执行，并克服了常人难以想象的种种困难，将个人的生死置之度外，战胜了艰难险阻，终于在预定的时间内把信送到。这个故事后来被写成《把信送给加西亚》一书，影响深远。

什么是自动自觉？自动自觉就是在没有人要求、强迫的情况下，自觉而且出色地做好自己的事情。罗文接受任务后，没有任何推诿，而是凭着自己的主动性和创造性，适应环境和形势，随机应变，力克时艰，出色地完成了任务。我们的工作也是如此，工作首先是一个态度问题，是一种发自肺腑的爱，一种主动精神。

卓越源于主动，主动始于感恩。无论是一家企业想要走向辉煌，还是一名员工想要取得成功，都需要自动自发的精神。这种主动的精神来源于感恩的自驱力。想一想，我们是不是经常听到有些人说“我一定要好好学习，不让爸爸妈妈失望”“我一定要努力工作，给老师买一个按摩椅”。在这里，努力就是自驱力，而它的来源正是对父母、对老师的感恩。那些成功人士很早就明白，凡事都应该积极主动，并且要对自己的行为负责。因为没有人能保证你成功，只有你自己；也没有人能阻挠你成功，只有你自己。

几年前，在西班牙举办的国际产品展示会，吸引了来自世界各地的很多企业参加，其中有不少来自中国的企业。其中，有一家从中国来参会的公司，参展人员由该企业的市场部经理带领。在开展之前，每家参会公司都有很多的准备工作要去做，比如展位的设计与布置、资料的整理与分装、产品的组装等。要完成这些准备工作，就必须依靠大家加班加点地去工作才行。没想到市场部经理带去的这帮安装工人，绝大多数人还跟在国内时一样，不肯多干一分钟活，下班时间一到，便纷纷溜回宾馆去了。市场部经理见准备工作还差得很远，便要求他们来把活干完了再去玩。没想到他们竟然说:“一分钱加班费都没有，凭什么让我们干啊，我们有那么傻吗?”更有甚者还说:“经理，你也只是一名打工仔而已，不过就是职位比我们高一点儿，别犯傻了，何必为老板那么卖命呢?剩下的活，明天再干吧，来得及!”为了把准备工作及早做好，市场部经理只好和一名主动留下来的安装工人一起，加班加点地在展厅里干活。

在开展的前一天晚上，老板亲自来到展场，检查展场的准备情况，此时已是凌晨一点。令老板感动的是，市场部经理和一个安装工人还在那里辛苦地忙活着，细心地擦着装修时粘在地板上的涂料。令老板吃惊的是，其他人一个也没在。一见到老板，市场部经理就赶忙站起来说:“董事长，您处罚我吧!我失职了，没能让所有的人都来加班工作。”没想到，老板一点也没有责怪他的意思，而是轻轻地拍了拍他的肩膀，让他放宽心。接着，他指着那个安装工人问市场部经理:“他是在你的要求下才愿意留下来加班的吗?”市场部经理连忙回答:“不是，他是自己主动要求留下来加班的，而且，当他留下来时，其他工人还一个劲地嘲笑他是傻瓜，说他没必要那么卖命，老板也不在，就算累死了老板也看不到，还不如回宾馆美美地睡上一觉。”听了市场部经理的叙述后，老板当时并没有做任何表示，只是招呼他的秘书和其他几名随行人员也加入到展位的准备工作中去。

参展结束后，一回到公司，老板就开除了那天晚上没有参加劳动的所有人员，同时，将那名主动加班的普通安装工人提拔为一家分厂的厂长。被开除了的那帮人非常不服气，找到了人事部经理理论:“我们不就是多睡了几个小时的觉吗，凭什么炒我们鱿鱼?他不过是多干了几个小时的活，凭什么当厂长?”他们所说的“他”，就是那个被提拔了的工人。

人事部经理对他们说:“其实，市场部经理当时只是让你们一起加加班，提前把参展的准备工作做好。但是你们呢，一听到要加班，就满腹牢骚、抱怨不已。用自己的前途去换取几个小时的懒觉，这是你们的主动行为，没有人强迫你们那么做，怨不得谁。而且，我通过调查了解到，你们在平日工作里也经常偷懒。每天下班时间一到，你们就连人影都找不到了。每次要求你们加班，你们就怨声载道，喋喋不休地和公司谈价钱。他呢，虽然只是多干了几个小时的活，但据我们考察，他为人积极负责，平日里默默地奉献了许多，比你们多干了不知多少活。提拔他，是对他过去积极奉献的奖赏和回报！”

★★★★★

美国商界名人洛克菲勒曾对工作做过这样的注解：“工作是一个施展自己才能的舞台。我们寒窗苦读来的知识，我们的应变力，我们的决断力，我们的适应力，以及我们的协调能力都将在这样一个舞台上得到展示。”对待工作需要自动自觉，主动做事。比尔·盖茨曾说：“一个好员工，应该是一个积极主动去做事，积极主动去提高自身技能的人。这样的员工，不必依靠管理手段去触发他的主观能动性。”不要再只是被动地等待别人告诉你应该做什么，而是应该主动地去思考自己要做什么，并且规划它们，然后全力以赴地去完成。想想在今天世界上最成功的那些人，有几个是唯唯诺诺、等人吩咐的人？

要想在现代社会中获得成功，就必须改变自己工作中不够主动，听吩咐才做事的被动性格，努力培育自己的自动自觉精神。那些成功人士很早就明白，凡事都应该积极主动，并且对自己的行为负责。一个人具有了主动工作的意识，也就具备了成功的思想基础和关键。

因此，感恩工作首先是一个态度问题。工作需要热情和行动，需要一种积极主动、自动自觉的精神。只有自动自觉的员工，才能获得真正的成功。

5

勤勤恳恳，每天工作多做一点点

勤勤恳恳把工作做好，是一个人职业生涯充实而又有意义的起点。无论从事什么性质的工作，首先自己要用心，这样工作才会有目标、有动力、有责任。我们员工要懂得一分付出就多一分收获。

“付出多少，得到多少”是一条基本的自然规律。也许你的投入无法立刻得到回报，但不要气馁，一如既往地付出，回报可能会在不经意间，以出人意料的方式出现。除了老板以外，回报也可能来自他人，以一种间接的方式来实现。

因此，在工作中，每天比别人多做一点点，结果就可能大不一样。尽职尽责完成自己工作的人，充其量只能算是称职的员工。如果你在工作中勤恳一些，能多做一点点，你就可能领先一步。

张艺谋的成功在很大程度上来源于他对电影艺术的诚挚热爱和勤恳工作。正如传记作家王斌所说的那样：“超人的智慧和敏捷固然是张艺谋成功的主要因素，但惊人的勤奋和刻苦也是他成功的重要条件。”拍《红高粱》的时候，为了表现剧情的氛围，他亲自带人去种出一块100多亩的高粱地；为了拍“颠轿”一场戏中轿夫颠着轿子踏得尘土飞扬的镜头，张艺谋硬是让大卡车拉来十几车黄土，用筛子筛细了撒在路上；在拍《菊豆》中杨金山溺死在大染池一场戏时，为了给摄影机找一个最好的角度，更是为了照顾演员的安全，张艺谋自告奋勇地跳进染池充当“替身”，一次不行再来一次，直到摄影师满意为止。

1986 年，摄影师出身的张艺谋被吴天明点将出任《老井》一片的男主角。没有任何表演经验的张艺谋接到任务，二话没说就搬到农村去了。他剃光了头，穿上大腰裤，露出了光脊背。在太行山一个偏僻、贫穷的山村里，他与当地乡亲同吃同住，每天一起上山干活，一起下沟担水。为了使皮肤粗糙、黝黑，他每天中午光着膀子在烈日下暴晒；为了使双手变得粗糙，每次摄制组开会，他不坐板凳，而是学着农民的样子蹲在地上，用沙土搓揉双手；为了电影中的两个短镜头，他打猪槽子连打了两个月；为了影片中那不足一分钟的背石镜头，张艺谋实实在在地背了两个月的石板，一天三块，每块 150 斤。

在拍摄过程中，为了能达到逼真的视觉效果，张艺谋真跌真打，主动受罪。在拍“舍身护井”时，他真跳，摔得浑身酸疼；在拍“村落械战”时，他被打得鼻青脸肿；更有甚者，在拍旺泉和巧英在井下那场戏时，为了找到垂死前那种奄奄一息的感觉，他硬是三天滴水未沾，粒米未进，连滚带爬拍完了全部镜头。

★★★★★

古人云：业精于勤，荒于嬉。这里所说的“勤”，也就是比别人多做一点点，即付出更多的劳动和努力。不要小看这“一点点”。古语说：“集腋成裘，积沙成丘。”如果我们确确实实地做到每天比别人多做一点点，那么，日积月累，我们就能比别人取得更大的成就，拥有更多的收获。

美国艾维斯租车公司有句口号：“我们比别人更努力。”这就是工作的游戏规则。也许它看起来是残酷的，但正是这种绝对的公平，给了你成功的可能性。你只要比别人多付出哪怕并不太多的努力，比别人稍微多吃些苦，就会得到更好的结果。

无数事实证明：多一点努力，便多一些成功的机会。每天多一点努力的结果会使你最大限度地发挥出你的才能。每天多一点努力不是语言上的自我表白，而是行动上的切实体现。如果你能够真正做到这些，你就会在工作中脱颖而出。

★★★★★

当卡洛·道尼斯先生刚开始为杜兰特工作时，职务很低，而现在，他已经成为了杜兰特先生的左膀右臂，并担任了其下属一家公司的总裁。之所以能如此快速升迁，秘密就在于“每天多做一点点”。

翰林曾拜访道尼斯先生，并且询问其成功的诀窍。他平静而简明地道出了个中缘由：

50 年前，我开始踏入社会谋生，在一家五金店找到了一份工作，每年才挣 75 美元。有一天，一位顾客买了一大批货物，有铲子、钳子、马鞍、盘子、水桶、箩筐等。这位顾客过几天就要结婚了，提前购买一些生活和劳动用具是当地的一种习俗。货物堆放在独轮车上。装了满满一车，骡子拉起来也有些吃力。送货并非我的职责，而完全是出于自愿——我为自己能运送如此沉重的货物而感到自豪。

一开始一切都很顺利，但是，车轮一不小心陷进了一个不深不浅的泥潭里，使尽吃奶的劲都推不动。一位心地善良的商人驾着马车路过，用他的马拖起我的独轮车和货物，并且帮我将货物送到了顾客家里。在向顾客交付货物时，我仔细清点货物的数目，一直到很晚才推着空车艰难地返回商店。我为自己的所作所为感到高兴。但是，老板却并没有因为我的额外工作而称赞我。

第二天，那位商人找到我，告诉我说，他发现我工作十分努力，热情很高，尤其注意到我卸货时清点物品数目的细心和专注。因此，他愿意为我提供一个年薪500美元的职位。我接受了这份工作，并且从此走上了致富之路。

★★★★★

“每天多做一点点”是走向成功的工作准则。成功靠什么？从某种意义上讲，就是靠我们每天比别人“多做一点点”。

比别人多做一点点不仅是员工良好工作素养的一种体现，更是员工做事获得成功的秘诀。每天多做一点点，意味着什么呢？意味着改变自己。一件事情会影响一个人的命运，几件事情会改变一个人的一生。只要你每天多做一点点，每一天都是一个阶梯，都是新的进步。

第五章 感恩企业，在企业的成功中收获自己的成功

对于员工来说，当我们踏入企业之后，就不再是企业的过客，而是企业中的一员。感恩企业，才能安心工作。只有肩负起和企业同命运的职责，与企业一同成长，才能在工作中赢得企业的赏识和重用，从而成就自己的事业！

1

感恩企业，不要把薪水看得太重

无论何种企业，它们与员工的关系都是十分清楚的——有着共同的利益、共同的目标，共谋发展。企业发展好了，员工的利益也会得到保障。在企业与员工之间，工作起到了桥梁和纽带的作用。感恩企业，员工只有把自己当作企业的主人，才能够在工作中充分发挥出创造性来，才能够为企业的发展壮大贡献出自己的一份力量，也才能够和企业共同成长。明白这一点，就不会斤斤计较自己薪水的多少、计较自己付出的多少。感恩企业，就会想着多为企业奉献自己的力量。

马明是南方某仪器公司的明星员工，因为他几十年如一日，心甘情愿地为企业奉献了一切。

马明已经在这个公司干了20多年，从当初一个一线的销售员干到今天的副总裁，不仅仅因为他的能力，还因为他心甘情愿的奉献。他每天早上都精神十足地去公司上班，神采奕奕地开展各项工作，无论多难的任务他都不退缩，无论做多少事他都不喊累，而且任何一项工作他都要做到精益求精。一天工作下来大家都累得够呛，马明却不仅不累，好像还意犹未尽。同事们对马明充沛的精力由衷地钦佩，也感到不可思议。

更让人不可思议的是，马明还经常主动加班，经常主动去干那些没有人愿意干的棘手工作。特别是经济危机期间，他不像其他同事那样急着另谋生路，而是像公司总裁一样急着找克服危机的办法……同事们感觉马明好像把公司当成了自己的家，或者他是一个天生的工作狂，否则他怎么会如此热爱工作，如此为公司的事情努力呢？

有人问马明为什么工作起来不知疲倦，他说："因为我的事业和公司的事业是绑在一起的。从某种程度上说，公司就是我的合伙人，我们必须朝着同一个方向共同努力。我的一切都是因为公司而得到的，工作、薪水、晋职、升级，还有让我迷醉的事业。我还有什么理由觉得累呢？我对公司感谢都来不及。"

企业提供了员工的发展空间，感恩并回报企业，最大的受益人还是自己。一些员工认为，只要老板每个月把工资发给自己了，企业好不好跟自己没有什么关系。这样的想法太过简单，如果企业破产了，谁发工资给你？你想领到更多的薪水，可你的工资又从哪里来？

"大河有水小河满，大河无水小河干。"感恩企业，替企业着想、替老板着想，实际上也就是替我们自己着想。从情感的角度讲，老板和员工之间存在亲情和友谊；从商业的角度讲，老板和员工之间存在合作共赢的关系，有着共同的利益、共同的目标，双方共谋发展，同时也利益共享。因此，无论在哪个企业，员工都应该感恩企业，珍惜工作，不要把薪水看得太重。

有一个年轻人取得博士学位后，却总是因工作岗位与自己的学历不相符，每天都奔波在求职的路上。最后，为了生计，他以大专学历在一家制造燃油机的企业担任质检员，薪水比普通工人低。工作不久，他发现该公司生产成本高、产品质量差，于是他不遗余力地说服公司老板推行改革以占领市场。身边的同事对他说："你看你的薪水，你为什么要这么卖力？"

他笑道："我这样是为我自己工作，我很快乐。"

一年后，这个年轻人晋升为副经理，薪水翻了几倍。尤为重要的是，他的改革，让企业的利润增加了几倍。

在很多人眼中，赚钱就是他们全部的工作目的。有些人对待工作采取一种"超然"的态度，"给我多少工资，就干多少活。""不是自己分内的事一律不干。""公司的事情能推就推，做多错多。"表面看来，这些"精明人"没有吃亏，但长远来看，他们却损失惨重：他们逃避工作、推卸责任，整天为眼前的工资伤脑筋，却忘记了在工资背后深藏的更为珍贵的东西。

工作给予了他锻炼、培训的机会，提升他的能力，丰富他的经验，在工作中他能逐渐建立起自己的品格、完美自己的职业道德，所有这一切所蕴含的是他将来提高薪水和职位的基础，而且工作还能使他明白人生的意义。

有一次，麦当劳的创始人雷克罗克为学生做演讲时对所有的学生提了这么一个问题："谁知道我们是做什么的？"在场所有的学生都回答："做快餐。"有一名麦当劳优秀员工却给了所有人一个意想不到的答案，他说："我们的职业是做快餐，可是我们的事业是做地产生意。我们最大的资产不是快餐给我们带来的利润，而是快餐带来的麦当劳地产保值增值！"这就是一名优秀员工的眼光，他把职业当成心目中的事业来经营。

一个以赚钱为个人工作目的的人是无法走出平庸的生活模式的，也从来不会有真正的成就感。虽然赚钱应该成为工作目的之一，但是从工作中能真正获得的更多的东西却不只是工资卡中的数字。如果工作仅仅是为了面包，那么生命的价值也未免太低廉了。人生的追求不仅仅只是满足生存需要，还要有更高层次的需求，有更高层次的动力驱使。不要麻痹自己，告诉自己工作不仅仅是为了赚钱——人应该有比拿薪水更高的奋斗目标，这样对企业和本人都有好处。

2

立足岗位，为企业出谋划策

对于很多企业来说，他们衡量一个员工优秀与否，在很大程度上是看员工能不能给企业提出有价值、有意义的建议。很多企业家认为，只有能为企业的发展提出合理化建议的员工，才是真正关心自己所在的集体，才能把工作当成是自己的事业奋斗，才能忠于自己的公司。

★★★★★

小王是一家公司新招来的仓库保管员，他在工作的时候，发现公司在仓库管理方面存在一些严重的问题。作为一个新员工，小王完全可以视而不见，但他并没有这样做，他考虑到这将会给公司带来巨大损失。于是，本着对公司负责的态度，小王向上级领导反映了此事，最后并把自己认为可以解决问题的合理化建议书递给了领导。领导看完之后，非常高兴，并表扬道：“企业就是需要这样勇于提建议的员工。”

★★★★★

小王这种感恩企业、关心企业发展前途、为工作献计献策的行为值得我们每一个人学习。

为工作献计献策，勇于做问题的终结者，体现的不仅是一种高度的责任感，更体现出一种不逃避矛盾、不回避问题的高贵品质。这样的员工秉持一种主人翁精神，积极运用自己的智慧，开动自己的大脑为企业解决问题赢得机遇，这样的员工才是企业真正需要的人。在职场中，为企业的发展提出合理的建议，才能够促进企业不断向前发展，才能在企业的发展中实现个人的成长和进步。

林聪毕业之后到一家啤酒厂做销售代表，进入公司之后，林聪非常努力地工作，不但按时上下班，还能积极、热情地帮助同事，没过多久，林聪就赢得了大家的好感。然而，在啤酒市场日益饱和的情况下，林聪所在的啤酒厂遇到了一定的阻力，市场非常难打开。没过多久，生产出的啤酒就堆满了工厂，但是却无法销售出去。

为此，厂里不断地减少啤酒的生产量，但是仍然没办法解决问题。于是，厂长将大家召集在一起，希望大家能够帮助打开啤酒的市场。“做广告吧。”很多人都不约而同地说出了自己的想法。但是就当时啤酒厂的情况来看，公司已经拿不出多余的钱来做广告了。可以说，这就意味着啤酒厂马上就有倒闭的危险。因此，很多有“远见”的人纷纷跳槽走了。然而，林聪并没有随波逐流，他一直在努力寻找打开啤酒市场的方式，每天都在积极地想对策。一天，他在中心广场遛弯的时候，突然想到了一个绝妙的方法。第二天，林聪所在公司的啤酒广告牌就赫然屹立在中心广场上了，而经过广场的人们却突然发现，广场中间那个小男孩的“尿”已经变成了色泽金黄的啤酒，而在那个男孩的旁边写着“欢迎免费品尝”的字样。于是，广场上的很多人都兴高采烈地拿起杯子品尝啤酒。更精彩的是，很多报纸、电视台也纷纷对此进行报道。林聪没花一分钱就将公司的啤酒推上了电视台和报纸，而林聪所在公司的啤酒也因此销量大涨。

★★★★★

对一个懂得感恩的员工来说，为企业出谋划策也是一种合理化建议。一个人的智慧常常是有限的，企业要想有更好的发展，就离不开集体的智慧，离不开全体员工的合理化建议。作为一个优秀的员工，理当像林聪这样，可以为公司的发展贡献出自己的“金点子”，为企业的发展尽自己的一份微薄之力。

在工作中，一个懂得感恩的员工，一名真正把企业利益视为自己利益的员工，就会自觉地为企业的发展献计献策。他们的意见也许不够充分，甚至可能有些幼稚，但他们的心却是真诚的，而且他们不太会计较自己的职位级别，更不会在意旁人的议论，他们把为企业谋利，维护并保障企业的利益，当成自己义不容辞的责任与义务。他们是真正与企业共进退的人，这样的员工才真正是一个企业的核心和脊梁。

3

拒绝借口，自觉顾大局守纪律

我们为什么喜欢在工作中找借口？其实很简单，找借口能够推卸责任。比如上班迟到了，会有“路上堵车”“手表停了”“今天家里事太多”等借口；业务拓展不开，工作无业绩，会有“制度不行”“政策不好”或“我已经尽力了”等借口。事情做砸了有借口，任务没完成有借口，只要去找，借口无处不在。但是，借口的代价却无比昂贵，给企业和个人前途带来的危害一点也不少。很多事情往往就是因为找借口而错失良机。

借口是一种消极态度。找借口的员工总是能找到层出不穷的借口来为自己推脱。爱找借口的人，完不成工作任务一般是这样一些情形：一是客观条件有限，通过想办法创造条件是可以完成任务的，但他没有去创造条件，因此没有完成任务；二是他实际上并没有到岗到位，因此不可能完成任务；三是工作到岗到位了，但是懒懒散散，身在曹营心在汉，因此工作效率低下而没有完成任务。不论是哪一种情形，归根结底，就是没有完成工作任务，向上司交不了差，只有找借口来应付上司。其实，不管你找到的借口多么冠冕堂皇，工作任务没有完成总不是一件令人愉快的事。

感恩工作就要拒绝借口。出了问题一味找借口，其实是一种自毁前程的表现。一次两次，或许老板还会忍耐，但时间一长，他就会发现你其实是一个没有纪律观念的人而不再信任你，这样，怎么会有所发展呢？优秀的员工从不在工作中寻找任何借口，他们总是追求在每一项工作中做出最好的结果。他们最大限度地满足客户提出的要求，而不是寻找各种借口推诿；他们总是出色地完成上级安排的任务，替上级解决问题；他们总是尽全力配合同事的工作，对同事提出的帮助要求，从不找任何借口推托或延迟。

★★★★★

在美国西点军校，有一个广为传诵的悠久传统：学员遇到军官问话时，只能有四种回答："报告长官，是""报告长官，不是""报告长官，不知道""报告长官，没有任何借口"。除此以外，不能多说一个字。

"没有任何借口"是美国西点军校建校200年来奉行的最重要的行为准则。1861年，当美国内战开始时，美国总统林肯还没有为联邦军队找到一名合适的指挥官。林肯先后任用了四名总指挥官，而他们没有一个人能完成总统的命令——向敌人进攻，打败它们。最后，任务被格兰特完成了。从一名西点军校的毕业生，到一名总指挥官，格兰特升迁的速度几乎是直线的，在战争中，那些总是能完成任务的人最终会被发现、被任命、被委以重任。因为战争是检验一个士兵、一个将军到底能不能完成任务的最佳场所。当格兰特将军赢得了战争的胜利、开辟了美国历史的新一页后，很多人开始寻找格兰特胜利的原因。后来，格兰特将军成为了美国总统，有一次，他到西点军校视察，一名学生问格兰特:“总统先生，请问是西点的什么精神使您勇往直前?”

“没有任何借口。”格兰特回答。

200 年以来，“没有任何借口”已经成为西点军校的精神之源。在进入 20 世纪之后，这一口号被西点人不断发扬光大、不断赋予新的内涵。我们知道，美国许多著名大公司的领导人和创办者，都系出西点。在 20 世纪变化如此强烈的社会发展过程中，西点仍然像从前一样，为美国军队和社会提供着最优秀的人才，无论是在当今美国的海军、空军、陆军，还是在像杜邦、通用、可口可乐这样的跨国公司，都有西点人的身影，甚至是最高的领导者。资料显示，建校以来，西点军校为美国培养了三位总统、五位五星上将、3700 名将军以及无数精英人才。在商界，自二战以来，在世界 500 强里，西点军校培养出来的董事长有 1000 多名，副董事长 2000 多名，总经理 5000 多名。

为什么西点军校历经几百年而不衰?“没有任何借口”为什么能成为西点人强大的精神动力?在作家凯普看来，西点人最优秀的地方在于，他们不仅仅牢记“没有任何借口”，而且善于在不找借口之后“主动工作、完美执行”。正是这种“主动性”和强大的“执行力”保证了西点人在面对任何困难时，不仅勇敢、敬业，而且有能力、有办法、有信心“100% 完成任务”。用格兰特将军的话说就是："我唯一的借口就是：没有任何借口。"

没有任何借口虽然是西点军校的至尊训条，但它的内涵和精髓对每一个普通人同样有着非凡的借鉴乃至指导意义。任何对于工作责任的推脱，不满或抱怨，都是借口，都会带来办事拖拉、效率不高、执行不力等现象。

借口是失败的根源。一个人越是成功，越不会找借口。百分之九十九的失败都是因为人们习惯于找借口。找借口是拖延的温床，找借口的实质是在推卸自己的责任。有些员工经常会质疑老板和上司，不愿意服从，有些是"口服心不服"，执行起来借口无数，敷衍塞责，应付了事。出现这些事，并不是老板的问题，而是员工不守纪律出现了问题。

有位老板手上有很多期货，准备找准机会出手，好套取大笔现金。有一天，他终于看准了机会。原来，他手上期货的价格马上就要冲上峰值了，所以他欣喜若狂，立马打电话给手下的员工，要员工立即抛出。

没想到，这位员工却有自己的想法，他认为，现在价格不断上涨，完全可以等冲高点再抛售，多赚到钱老板一定更开心，然而，五分钟之后，期货价格如跳楼般下跌，老板手里大量的期货再也卖不出去了！

老板以为赚了大钱，在办公室等着员工报喜，一会儿电话铃响，正是那个不服从命令的员工打来的，老板听了之后脸色铁青，失望地说："你太让我失望了，明天你不用来上班了。"说完就生气地挂了电话。

本来一件很简单的事情，因为不服从命令导致了相反的结果，令公司蒙受了巨大的损失，让自己被炒了鱿鱼。任何行业和部门，都会要求其员工顾全大局，遵守纪律，服从命令，拒绝任何借口，而不是自行其是，另搞一套！只有严格遵守纪律，绝不凌驾于纪律之上，才能做好工作。

在战场上，无论是何种命令，作为军人都必须无条件地执行，这是必须遵守的铁律。一支高度遵守纪律，执行命令最坚决的部队，其战斗力也是最强的。在企业团体中，遵守纪律是每个员工最基本的要求，也是每个员工应具备的最基本的素质。一个团结协作、富有战斗力和进取心的团体组织，必定是一个有纪律的团体。严明的纪律是事业成功的保证。前苏联著名将领苏沃洛夫有句名言："纪律是胜利之母。"革命战争要取得胜利依靠铁的纪律，今天，我们在建设有中国特色社会主义这一伟大事业的进程中，同样需要强调纪律。作为企业的员工，不管自己多么优秀，如果想获得更大的发展空间，就要自觉顾大局守纪律。

纪律是企业生存的根本，是维持各个员工之间关系的准则。如果没有了纪律的约束，各个企业部门将成为一盘散沙，没有凝聚力，企业必将溃散，失去了存在的价值。在企业团体中，遵守纪律是每个员工最基本的要求，也是每个员工应具备的最基本的素质。一个团结协作、富有战斗力和进取心的团体组织，必定是一个有纪律的团体。

当然，纪律只是一种外在的约束，要落实好这些纪律，根本的还在于员工筑牢思想防线，自觉顾大局、守纪律。纪律属于道德的范畴，一个人如果不遵守纪律或无视纪律的约束，那就是没有道德。一个人的纪律性如何，能够直接反映出他们的思想道德水平。唯有思想道德高尚，对纪律的重要性具有深刻的理解，且具有执行纪律、维护纪律的高度自觉性、坚韧性和坚强的意志品质，才能经得住纪律的考验，甚至视纪律比自己的生命还重要。事实表明，具有高尚道德情操和高度文化素养的人，有着高度自觉的纪律性；道德品质低下、没有文化素养的人，往往是一个不能自觉遵守纪律的人。

在纪律面前，我们必须态度鲜明，决不能搞"上有政策、下有对策"，敷衍了事；决不允许有令不从，自行其是。一个工厂如果没有劳动纪律，工人们各行其是，这个工厂就会乱糟糟，生产就会陷于瘫痪。一个城市如果没有交通纪律，居民们在街上随心所欲，你骑自行车乱闯红灯，我驾汽车横冲直撞，他步行随意穿越马路，那么这个城市的交通状况必然是一片混乱，交通事故带来的不幸就会降临在许多人的头上。所以，无论企业是大是小，员工都要做严守纪律的模范。

4

忠于企业，不做“骑驴找马”的员工

忠诚是一种美德，也是一种成功的特质。哲学家说：“如果说智慧像金子一样珍贵的话，那么还有一种东西更为珍贵，那就是忠诚。如果你是忠诚的，那你一定会成功。”因而，感恩企业就要忠于企业。

在对一些世界著名企业家的调查中，当问到“您认为员工应具备的品质是什么”时，他们无一例外地选择了忠诚。忠诚是员工职业道德建设中最应该值得重视的美德，是一个人的基本品格。本杰明·富兰克林说过：“如果说，生命力使人们前途光明，团体使人们宽容，脚踏实地使人们现实，那么深厚的忠诚感就会使人生正直而富有意义。”

电视剧《潜伏》就是在讲述忠诚的故事。主人公余则成，一个为革命事业奋斗终生的地下工作者。他秘密工作在国民党机要部门，冒着生命危险，放弃个人感情，全身心地投入到党的工作中，为党的事业立下了汗马功劳。他忠贞不渝、坚忍不拔、临危不惧、机智灵活、自我克制的英雄形象永远值得我们学习。余则成就是千千万万个“虎穴忠魂”的代表。他忠诚于自己的使命和责任，为了信仰甘于默默无闻地为之奋斗终生。“对党绝对忠诚，精明强干”，这是人们对主人公余则成的至高评语。

★★★★★

《潜伏》的故事发生在特殊的历史环境、特殊的时代背景下，潜伏是余则成的工作，他用忠诚证明了自己是值得信赖的，也是值得尊敬的。处于和平年代的我们，要想得到领导的信任和同事的尊敬同样需要用忠诚去证明自己。

感恩企业需要员工的忠诚，它是指员工对于企业所表现出来的行为指向和心理归属，即员工对所服务的企业尽心竭力的奉献。企业需要忠诚的员工，它体现了最珍贵的情感和行为的付出，因为对企业的忠诚，员工才愿意尽心尽力、尽职尽责地为企业服务，并敢于承担一切。在任何时候，忠诚都是企业生存和发展的精神支柱，也是企业的生存之本。

★★★★★

有一位大学生，毕业后分到一所中学教英语，勉强干了两年，觉得教师工作又辛苦又不来钱，看着原来的同学在外面见的世面多、交际广、挣钱多，说死说活不在学校干了，整整折腾了一年多，总算从学校辞职出来到一家合资公司干文秘。开始时，他热情挺高，干得不错，多次受到老板的表扬，但没有一年就觉得干秘书工作挣钱不多管事不少，没有奔头。

于是他背着公司，“骑驴找马”又到人才市场登了记。不久，一家保险公司聘用了他，他觉得每天跑跑颠颠很适合自己的个性，而且干好一个月可挣五六千块。他当机立断，辞掉秘书去当保险推销员。谁也知道保险不好干，培训一段时间上了岗，头三天就碰了好几个钉子，还吃了不少闭门羹，一个星期没干下来，他就又另谋新就了。

这次运气不错，一家外企公司看中他外语好，能言善辩、性格外向，聘请他做公司代表推销产品。在这家外企公司，他干的时间最长，一年零三个月。后来，一家小公司聘请他去做公司副总经理，他从自己的前程考虑，抓住这个机会又跳了槽，本来想过一把当官的瘾，尝尝指挥别人是什么味道，但让他始料不及的是，想搞好一个小公司没点真本领还真不行，干了一段不见起色，自己便丧失了信心，打了退堂鼓，又回到人才市场转悠。

很多人对未来有所期待，幻想着通过跳槽达到一个灿烂光明的美好前景。但现实是非常残酷的，也许当你去一个新单位时，会发现许许多多的问题，很可能是你远远没有预想到的，草率跳槽只会使自己走进死胡同。只看到新工作表面的优点，却没有反思自己的工作态度，轻易地放弃原本熟悉的工作，结果使自己陷入到更为恶劣的工作环境中，这对工作是极为不利的。

“如果你对现有的工作不满意，或者不受重视，或者感到前途无望，你第一时间想到的解决办法是什么?”这样的问题，经常在职场被询问。“跳槽!”十有八九的人会脱口而出，甚至很快付诸行动。这个情景绝不夸张，如今有相当多的职业人士耐不住寂寞，对现有的工作一旦产生厌倦感，第一个想法就是跳槽。但职场专家和一些成功的职场人士告诉我们，“卧槽”一样是职场上的阳关大道。

虽说从职业的角度看，一个人一生中难免要换几次工作，但必须依据自己的整体人生规划进行调整，而不是盲目跳槽。一个人跳槽如果只是为了一些金钱上的收入，或者感到自己怀才不遇等原因，想着下一份工作会更好，那可能就得不偿失了。一位在两年内换了四家公司的男士感慨地说:“原本想通过跳槽得到更好的职位和待遇，结果发现处处碰壁，现实总是不如想象的好。”

工作遇到不顺时想跳槽，人际关系紧张时想跳槽，看见好工作想跳槽，有时甚至没有任何理由也想跳槽，你所遇到的一切问题似乎都可以用跳槽来解决。这种感觉往往使人产生跳槽的冲动，甚至完全不负责任地一走了之，这时对他而言，忠诚的精神早已不复存在。甚至有一些人铤而走险，不想通过个人的努力奋斗来达到职位的提升，却以出卖公司的利益为筹码，来达到获取高薪酬工作的目的。殊不知，这样做无疑是自掘坟墓，把自己逼上绝路。

5

不离不弃，危难时刻与企业共渡难关

在当前市场经济条件下，老板和员工之间早已不再是雇佣关系，他们是同在一条船上的船员。因此，任何一个员工都要明白，自己的前途、命运和这条船已紧紧地连在了一起。只有坚持“一荣俱荣、一损俱损”的信念，才能把公司当作自己的家，才能时时处处以公司利益为重，进而和公司同舟共济，最终驶向成功的彼岸。

★★★★★

一只船在海上航行，船舱里藏着一只老鼠。老鼠偷吃船夫的粮食，咬坏船夫的衣物。船夫恨透了老鼠，想捉住它扔进海里。

老鼠有老鼠的办法，它就在船底打洞，躲到洞里去，还要把船夫的粮食也搬到洞里藏起来。

结果可想而知，只能是船沉鼠亡。老鼠想害船夫，没想到最后把自己也给害了。

★★★★★

我们所在的公司就像一条大船，我们本身就好比是船上的那只老鼠，只要我们身在公司这条船上，它就是我们的依托，我们不能轻视它、伤害它，要知道伤害公司也就是伤害我们自己。

每一个员工都应该明白，我们的工资收益完全来自公司的效益。因此，“大河有水小河满，大河无水小河干”，替老板着想就是替公司着想，实际上也就是替我们自己着想。感恩公司，要感谢公司为员工提供了一个工作的机会，提供了一个发挥聪明才智的地方，也提供了一个不断发展进步的舞台。怀着这种感恩的心，就会把企业的事当成自己的事来做，为企业谋利益，就不会轻易地跳来跳去，而是不离不弃，同舟共济。

★★★★★

小李是某民营企业的前台行政，进入公司半年来一直默默无闻地工作在自己的岗位，尽职尽责。然而，在一次不正当的投标竞争中，公司遭遇了重大挫折，几乎断绝了资金来源。这让公司老总郁闷不已。

公司员工开始议论纷纷，有的员工甚至开始网上投递简历，为自己寻找下一份工作。整个公司人心涣散，甚至连老总都失去了信心。很快，公司便没了形，员工走的走，玩的玩，老总也是整日喝酒，经常在办公室醉得不省人事。让人觉得诧异的是，前台小李却还是和往常一样兢兢业业地工作着，甚至将别人没完成的工作也包了下来。

这天，小李实在看不下去了，于是敲开了老总紧闭了几天的办公室门，并义正辞严地“训”了老总一通，然后走出老总办公室继续工作。

老总幡然醒悟，连一个小前台对公司都能这么负责，我怎么能够这么糊涂，因一个小小的打击就一蹶不振呢？于是，老总开始着手重新整理业务，并与小李一块儿商议了一套发展方案。很快，公司扭亏为盈，进入了正常发展的轨道。小李也因此被提拔为行政主管。当有人问起小李当时怎么会那么傻，坚决留在一家眼看就要倒闭的公司，还那么卖力时，小李微笑着说："既然在公司一天，那当然就要认真做好一天，这是对每个员工的契约规定嘛，而且作为企业的一员，有责任与企业共患难。"

要想成为一个优秀的员工，一个成功的职场人士，唯一的选择就是和公司风雨同舟！一个忠诚并和老板患难与共的员工，最能赢得老板的赏识。也许他们在技术上、业务上并不是最出色的，但是在老板的心目中却是最优秀的。

经常会有员工说："我不是老板，企业倒闭了跟我没关系，我不会遭受损失。"一旦企业出现什么危机，他们会以最快的速度逃离企业，这是典型的缺乏感恩精神的员工。这类员工错误地把自己和所在的企业对立起来，错误地认为个人前途与企业前途没有关系。其实，企业和员工是密不可分的，企业利益和员工个人利益是高度统一的，一损俱损，一荣俱荣。

张方和王立是大学时的同学，毕业后，一起来到深圳闯荡。在招聘会上，一家公司正在招聘计算机办公软件的设计开发人员，而这正是他们的专业，于是两人都投了简历，并都顺利地进了这家公司。

第二天到公司一看，两人都傻了眼。这是什么公司啊，连老板在内只有6个人，公司办公条件差得没话说：一间废弃的地下室，阴暗、霉臭、潮湿，天一下雨，天花板上凝聚而成的水滴源源不断地往下流，电脑上都要罩着厚厚的报纸。连个厕所也没有。出门就是大排档，油烟灌进来，熏得人直流眼泪。公司的产品市场前景看起来很好，但资金的瓶颈随时可能将美好的梦想扼杀于萌芽状态。最要命的是，产品没有品牌，只好赊销，欠款迟迟收不回来，资金储备少，公司连员工的工资都无法按时发放。

一个月后，张方开始动摇。尽管在招聘会上，老板说要给他们股份，但是看到这个样子，老板都无法自保，怎么还会有股份给他们呢？张方劝王立和自己一起辞职。说真的，王立也想打退堂鼓，因为在这样的公司混，太没有前途了。但是王立看到老板没日没夜地努力，加之对自己又那么真诚，真的不忍心在这个时候离去。

张方走的那一天，老板借钱给他发了全额工资。令老板感动的是，王立居然没有走。从此以后，他们成了好朋友。不久，公司资金链条断裂，濒临绝境，留下的几个人也走了，只剩下王立和老板两个人。看着老板年轻而憔悴的面容和孤独而坚定的背影，王立反而坚定了自己的意志。他想，他能够做的就是和老板风雨同舟，充分发挥自己的才智，努力工作，将产品做好，把产品打响。

看着拼命工作的王立，老板眼圈红了。“兄弟，真对不住，让你受苦了。”王立却乐观地说:“什么也不用说了，只要你把公司开下去一天，我就一天不离开这里。”于是，他们成了患难之交。

几个月之后，老板借到了资金，公司重新运转。这时候，王立也开发出一种软件，由于质量好，买家愿意先付款。于是产品的销路柳暗花明，一上市，就供不应求。短短几年时间，该公司就成了业界数一数二的公司。

老板为了感谢王立在困难时带给他的光明、希望和勇气，提拔他为公司的副总兼技术总监，月薪可以拿到2万元，最后还给了他40%的公司股份！

★★★★★

和你一起笑过的人，你会把他忘记，但是和你一起哭过的人，你肯定永远记得他。对于老板来说，当你和他同过甘、共过苦，他肯定会记得你，那么他一定会给你发展的机会和平台，而这种机会和平台是你跳槽“跳”不来的。

其实，公司发展有时也和人的经历一样，也有风风雨雨，有时还会陷入艰难境地。面对公司可能出现的减薪、瘫痪、倒闭等情况，作为员工会做出不同的选择，有的人基于生活所迫或期望有更好的发展而选择另谋高就，有的人则选择留下来与公司共渡难关。我们不能指责那些在企业危难之时选择离开的员工，因为各人有各人的立场。不同的是，那些选择留下来与企业共渡难关的人会得到更多的回报。

经济学家洛里·西尔弗说:“企业和员工是一个共生体，企业的成长要依靠员工的成长来实现；员工的成长，又要依靠企业这个平台。”企业兴，员工兴；企业衰，员工衰。在任何一个企业，任何时候，员工都不能做一个旁观者，而是要有主人翁意识，树立“患难与共”的思想。作为一名员工，只有始终把企业的命运和自己的命运紧密联系在一起，时刻关注企业的利益，与企业同呼吸共命运，才能形成无坚不摧的力量，才能真正实现企业和员工的共同发展，达到一个又一个既定目标，不断取得胜利。

6

与企业一同成长，实现个人与企业的双赢

当今社会，竞争激烈异常，每一份工作都得之不易，因此我们要好好珍惜。既然已选择了一个工作，就必须做好它，不管你是在做一份接线员的工作，还是身担总经理的大任，在每个工作岗位上都要好好工作。成功的职场人士都是在一定的基础上和公司共同打造这个平台。公司的发展与你的前途息息相关，你为公司服务，公司为你创造发展的机遇，在公司成

长的过程中，你也迈上了一个又一个新台阶。如果一味追求个人的利益而不安心工作，频繁跳槽，不但做不好工作还会影响自己的形象和声誉，使用人单位对你侧目。

董晨是刚刚进入职场的新员工，她刚进公司的时候，只是一名普通的文员，每天负责的工作就是整理资料，替别的同事复印资料等。在其他同事眼里，董晨的工作不仅枯燥乏味，而且没有出头的机会。然而，董晨却依然十分珍惜自己这份来之不易的工作，她把自己的全部精力都投入到工作中。董晨经常是早来晚归，竭尽全力地将工作做好，不但做好自己的本职工作，还经常帮助经理做一些分外工作。为此，很多同事都笑话董晨，说："你真是傻，干那么多的活，只拿那么一点儿工资！"对于同事的嘲笑，董晨只是一笑而过。

董晨在同事们的嘲笑中依然如故，积极地对待工作。一年之后，由于受到经济危机的影响，董晨所在公司的业务开始出现了大幅度的滑坡，并且公司的资金也日益紧张起来。此时，很多员工看到企业的困难，纷纷找到经理办公室，拿到工资就离开了。公司中的人越来越少，最后，只剩下老板和董晨这个员工了。为了更好地挽救公司，董晨承担起了更多工作。在他们的共同努力下，公司的境况开始渐渐好转。半年之后，公司又步入了正常的运行轨道。董晨也受到老板的重用，被提拔为公司的主管。

俗语说："种瓜得瓜，种豆得豆"，你在企业的土壤里种下的是什么，企业就会回报给你什么。在职场中，不论我们的职位如何，哪怕只是一名普通的员工，只要我们时刻关注企业利益，并持之以恒地好好工作，那么企业就一定会为你提供丰厚的回报和广阔的发展前景。

这个世界不缺少能力非凡的员工，真正缺少的是能够忠诚于自己的企业，愿意与企业共命运的人。在现代企业中，员工与公司的关系，已不再是纯粹的“雇佣”关系，公司和员工是一个共生体，公司的成长，通过员工的成长来实现；员工的成长，又要依靠公司这个平台。员工与公司风雨同舟，才能使企业发展壮大起来，从而实现企业与员工双赢的目标。不管你是公司的领导，还是一名普通的职员，都应怀揣着梦想，与公司站在同一条战线上，把自己的成长和公司的经营联系在一起，并不断地付出努力，就一定可以在为公司创造价值的同时实现自己的个人理想。

吴华2000年任职一家很小的计算机配件制造公司，老板李恪只比他大三岁。同年10月，公司接到一笔加工50万只硬盘的超级订单。

然而，天有不测风云，在公司全部资金都投入的情况下，由于技术和控制上的原因，所生产的硬盘出现了严重的质量缺陷。结果50万只硬盘被全部退货，公司遭受致命的打击，还欠了银行一屁股债。

李恪召开了员工大会，用多方求助筹来的钱发了工资，并向员工陈述了公司面临的困难，希望员工和他共同来应对这暂时的困难。结果很多员工提交了辞职报告书，不等李恪批准就收拾东西走人了。还有的人吵着要失业赔偿，最后，李恪心一横，就在他们草拟的“赔偿协议”上签了字。

当李恪走出办公室时，却意外发现还有一个人在安静地工作着，这个人就是吴华，这个平日里并不怎么接近李恪，也从来没有说过自己忠诚的人令李恪非常感动。他问吴华为什么不走呢？为什么不像别人一样要赔偿金呢？吴华笑了笑：“凭什么要赔偿金呢？我根本就没打算离开，我认为公司还大有希望，你是公司的老板，你在公司就在，公司在我就在。”

吴华留了下来，并把积攒的五万元钱全部借给李恪。过了一年，公司资产由原来的负数变成了五百多万元。没过多久，李恪将公司一半股权给了吴华，并诚挚地聘请他出任公司总裁。

吴华选择了与老板同舟共济，同企业患难与共，正是由于他的这种选择，比那些离开企业的员工们有了更好的发展前途。作为员工，就应该对企业负责，要明白自己与企业的命运是息息相关的，全体员工的共同努力能改变一个企业的生存状态。公司这条船在遇到风浪的时候，员工共同的推动力能帮助它缓解暂时的困难，促进它继续前行。优秀的员工，能在工作中与公司共进退，能与企业一起破浪前行。这样的员工在职场上才会有所突破，最终其能力与潜力都能得到充分的发挥与展示，帮助自己赢在职场。

多年前，18 个年轻人怀揣着创业的梦想从北京到了杭州，就是这些人，创造了阿里巴巴，他们被称为“十八罗汉”。

1999 年 2 月 20 日，大年初五，在一个叫湖畔花园的小区，16 栋三层，18 个人聚在一起开了一个动员会。屋里几乎家徒四壁，只有一个破沙发摆在一边，大部分人席地而坐，马云站在中间讲了整整两个小时。创始人之一的彭蕾说:“几乎都是他在讲，说我们要做一个中国人创办的世界上最伟大的互联网公司，张牙舞爪的，我们就坐在一边，偷偷翻白眼。”

公司的启动资金是 50 万元，18 个人一起出钱凑的，马云并不是没有这笔钱，但是他希望公司是大家的，所以 18 个人都出了钱，各自占了一份不同比例的股份，写在一张纸上，很简短的英文。签上名字之后，马云让大家回去把这张纸藏好，从此不要再看一眼，“天天看着它做梦，我们就做不好事”。

在很长的时间里，这些人每个月拿 500 元钱的工资，在湖畔花园附近举步可达的地方租房子住，有的两三人一起合租，有人索性住进了农民房，吃饭基本就是3元钱的盒饭。戴珊很喜欢吃梅干菜，有一次吃着盒饭，她突然对大家说，“等我有钱了，我就去买一屋子的梅干菜！”

这18个创始人，终于在8年后见证了这家公司的上市，并收获了丰厚的回报。阿里巴巴在上市当天成为一家市值超过200亿美元的中国互联网公司，而这18个人，根据阿里巴巴市值计算，他们每个人都已经成为亿万富翁。

★★★★★

哲人说“念念不忘，必有回响”，懂得感恩的人，总是更容易获得成功的青睐。不懂得感恩，再优秀也会与成功无缘。当我们选择进入一家企业的时候，就意味着我们已站在企业这条船上，这条船的命运就和我们的命运紧紧地连在了一起。在这条船上，老板和员工是“唇齿相依、荣辱与共”的关系，只有齐心协力，和企业风雨同舟，才能实现共同的利益，在企业的成功里收获自己的成功。

第六章　感恩亲人，为了亲人不停向成功奔跑

亲情是人类永恒的话题，只要我们生活在世间，或者说只要我们还活着，就离不开亲情。感恩亲情能滋润人的心田，使生命之洲洒满阳光、充满生机、永不沙化。感恩亲情能使人懂得怎样善待生命，仁爱一生。没有亲人之爱的生命是荒凉的，是没有色彩的。没有亲情的呵护，人生就变得孤独和寂寞。

1

父爱如山母爱似海，父母大爱铭记心

父母是世界上最伟大的人。在这个世界上，父母是我们最亲的人，他们对我们的爱也是最无私、最伟大的。母爱如海，父爱如山。人人都是父母所生，父母所养，每个人的身体发肤都源于父母。父母之恩是儿女永远不能忘记的，也是永远报答不尽的。

> 曾经看过这样一个故事：从前，有个不孝子想把年迈的母亲背上山林扔掉。他一路走，母亲一路用树枝做标记。为了防止母亲沿标记回来，他专挑弯曲偏僻的羊肠小道，把自己累得浑身是汗。最后，他把母亲往地上一扔，恶狠狠地说："走了这么远，看你还怎么回去！"他的母亲低声说："我做标记不是想自己回去，是怕你迷路。"

初次读到这个故事时，很不理解儿子如此不孝，母亲会这么傻？后来才知道，这个世界上所有的母亲都是这样的"傻人"。在这个世界上，也只有母亲会在你最无理最绝情的时候依然牵挂你的冷暖，关心你的安危，千方百计为你着想。父母对子女的爱，深情似海。父母是天下大爱的代名词，不管自己的儿女怎样，父母对自己的儿女永远是最爱的。成功的时候替我们高兴，失败了替我们担心。在我们最失落的时候，在人生最低谷、最困难的时候，只有他们，永远陪伴在我们的身边。父母对我们的恩情，比天更高，比海更深！无论我们如何回报，也报答不了父母恩情之万一！

佛家经典《父母恩重难报经》将父母对子女的恩德归为十项。

第一，怀胎守护恩。

大意是说：儿女因缘今生才来寄托母亲怀胎，经过一月月的生长，胎儿的体重压力就像山岳，胎一动一止像坏劫风灾；母亲为胎儿罗衣都不想挂，化妆镜台也被盖了厚厚的尘埃。

第二，临产受苦恩。

大意是说：母亲怀胎经过满十个月，苦难的生产即将要来临。早晨起床就像生了重病，天天神情闷重好似昏沉。惶恐的心情难以诉述，哀愁眼泪流满胸前衣襟；语调含悲告诉亲族家人，唯独惧怕死神夺走肚中的胎儿。

第三，生子忘忧恩。

大意是说：母亲生产子女时，五脏就像要破裂撕开；身体、心神几乎要闷绝而死，鲜血直流，好似屠宰猪羊。生下以后，母亲听闻孩子安康，心情欢喜倍于往常；欢喜劲儿还没过，生产后难忍的痛苦又在贯彻心肠。

第四，咽苦吐甘恩。

大意是说：父母恩德高深且又重大，照顾儿女从不疏忽；吐甘喂儿从不停息，自己咽下苦涩从不皱眉。但愿能令孩儿吃饱满足，慈母不辞自愿挨饿受饥。

第五，回干就湿恩。

大意是说：母亲甘愿自身投于脏湿，而将孩子移到干净的地方；母乳专为孩子充饥渴，衣袖为孩子挡风寒。对孩子的恩爱怜惜常常让父母废枕不眠，宠爱逗弄也能让父母感到心欢；为了孩子的安稳，母亲总是顾不上自己的平安。

第六，哺乳养育恩。

大意是说：慈母让孩子的依靠就像大地，严父养育孩子的恩德可以配得上天；父母养儿的恩德，如同天地养育万物之恩，不厌丑陋，无怨无悔，好坏都是整天珍惜爱怜。

第七，洗濯不净恩。

大意是说：母体本来就像荷花芙蓉，精神气色原本健壮且丰满；两眉分开就像新柳翠碧，红颜脸色胜夺莲花粉红。但是，对孩子的恩爱深深地摧残着母亲的玉貌，只为怜爱孩子，慈母手粗脸皱，颜容发生了很大的改变。

第八，远行忆念恩。

大意是说：孩子远行渡出关隘山外，母亲的牵挂担心便随孩子到了遥远的他乡。母亲的心日夜相随离家的游子，其心担忧流泪已数千行；如同猿猴哭泣离别爱子，伤心难过寸寸哭断肝肠。

第九，深加体恤恩。

大意是说：父母对儿恩情极其重大，恩德深重，报恩实在困难；孩子受苦难父母愿代替受，孩子辛劳母亲则心疼不安。孩子短暂受到辛苦，就会长时令父母心酸。

第十，究竟怜愍恩。

大意是说：父母恩德高深且又重大，给孩子恩惠怜爱无停歇；孩子的起立坐下，母心都要相跟随，不管远近，父母都要挂念。老母年龄即使已一百岁，仍然常常担忧八十岁的孩子；要想知道母亲对孩子的恩爱何时断绝，恐怕只能等到自己离开人世。

★★★★★

世间最难报答的就是父母恩。父母用汗水换来我们的幸福，用两鬓的白发换来我们的青春，父母的恩情是怎么也回报不完的。有些人认为每月给父母一笔赡养费就算孝敬父母了，其实，父母的恩情是难以用金钱来衡量的。为人子女，应该以反哺之心孝敬父母，以感恩之心孝顺父母！

★★★★★

有一首歌是这样唱父亲的：父亲是那登天的梯，父亲是那拉车的牛……不要忘记，父亲的背是为我们而驼的，父亲的手是因为劳作才变粗糙的，父亲脸上的皱纹是被牵挂刻上去的。

有一首歌是这样唱母亲的：你入学的新书包，有人给你拿；你雨中的花折伞，有人给你打；你爱吃的（那）三鲜馅，有人（他）给你包；你委屈的泪花，有人给你擦……

★★★★★

人们常说，父母恩情不得忘。没有父母就没有我们，如此博大的爱、如此深沉的爱，对于我们每一个人都是那么温暖、那么亲切。唯有感恩，才能对得起他们那无私的爱。父母之恩，感天动地。回报父母，儿女无论花多少钱、多少时间、多少力气都是应该的。不懂得孝顺父母、回报父母恩情的人，别说成功，连做人都不配！不孝之人只会被人唾弃！

很多人在父母生前没有尽孝心，并不是因为他们不爱父母，而是他们没有意识到父母有一天会离开自己。大多数年轻人从来没想过，也从来不敢想，如果父母不在了怎么办？还有一些人，动辄对父母恶言相向。他们认为，父母为他们付出再多都是理所当然的，肆意挥霍父母的心血，却丝毫不懂得感恩，更不用说回报了。这些人终究会被社会看不起，被所有人唾弃。这样的人，再有能力、再优秀，也与成功无缘！

“树欲静而风不止，子欲养而亲不待。”很多人都是在父母过世之后发出如此感叹，却不能在父母在世的时候明白这个简单的道理。所以，趁父母健在，抽出时间多陪陪父母吧，我们应该感谢上苍给我们一个报答父母恩情的机会，并从现在开始送上对父母的关爱。不要给自己的人生留下遗憾，也不要让德行的亏欠挡住成功的脚步。

2

不懂孝道的人再成功也被人瞧不起

古人言:“百行万善孝为首，乌鸦反哺，羊羔跪乳，人若不孝，禽兽不如。”孟子有“为人父必慈，为人子必孝”等谈论孝的观点；汉代“以孝治天下”，将孝道提到了空前的道德高度；唐代诗人孟郊《游子吟》诗中的“谁言寸草心，报得三春晖”等句，深切表达了子女对父母的感恩之心，千百年来，一直为世人传诵；宋代八德“孝、悌、忠、信、礼、义、廉、耻”，也是以“孝”为首；元代郭居敬根据“孝道”故事，编撰了《二十四孝》，更是广为流传，影响万世。可见，“孝”作为中华民族的传统美德，深深影响着每一位炎黄子孙。

★★★★★

《二十四孝》中有“郯子孝母”的故事。讲的是：春秋时人郯子，对其父母很孝顺。其父母年迈时，均患眼疾，他很难过，后听人说鹿乳能治其父母眼病，就披着鹿皮，去深山混于鹿群中，想取鹿乳供双亲。不料，一次，被猎人误当为真鹿，要射死他，他惊恐，将实情告之猎人。猎人听后，非常称叹，受感动，不但不射他，反而赠以鹿乳，并护送他出山回家。

还有一则故事说，一个叫黄香的人，在九岁时，就已经懂得孝顺长辈的道理。他在母亲生病期间，一直不离左右，守护在母亲的病床前。母亲去世后，他对父亲更加关心、照顾，尽量让父亲少操心。冬夜里，天气特别寒冷。那时，农户家里又没有任何取暖的设备，确实很难入睡。一天，黄香晚上读书时，感到特别冷，捧着书卷的手一会儿就冰凉冰凉的了。他想，这么冷的天气，父亲也一定很冷，他老人家白天干了一天的活，晚上还不能好好地睡觉。想到这里，黄香心里很不安。为让父亲少挨冷受冻，他读完书便悄悄走进父亲的房里，给他铺好被，然后脱了衣服，钻进父亲的被窝里，用自己的体温，温暖了冰冷的被窝之后，才招呼父亲睡下。黄香用自己的孝敬之心，暖了父亲的心。黄香温席的故事，就这样传开了，街坊邻居人人夸赞黄香。

★★★★★

黄香不仅是个孝子，而且举孝廉后，步入社会，投身朝廷，实现了一名古代知识分子兼济天下的人生抱负。懂得感恩、懂得孝敬父母的人，都会受到尊重。然而不懂孝道、不懂感恩的人，即便有所成就，也会为人所不齿，甚至被人唾骂，遗臭万年。

★★★★★

公元 604 年 7 月，隋文帝病重，卧于长安仁寿宫大宝殿内，杨广认为登上皇位的时机已到，迫不及待地写信给杨素，请教怎样处理将要到来的文帝后事。不料送信人误将杨素的回信送给了文帝。文帝读后大怒，此时，宣华夫人衣衫不整地跑进来，哭诉杨广在她换衣时无耻地调戏她。文帝醒悟到受了杨广的蒙骗，拍着床大骂："这个畜生如此无礼，怎能担当治国的大任，皇后误了我的大事。"急忙命在旁的大臣柳述、元岩草拟诏书，废黜杨广，重立杨勇为太子。杨广得到密报，与大臣杨素、张衡、宇文述等人乘机发动宫廷政变，带兵包围仁寿宫，赶散宫人，逮捕了柳述、元岩，进入大宝殿害死了文帝。后来，杨广虽当上了皇帝，却留下了千古不孝的骂名，为人所不齿。

不懂孝道，不孝顺父母，即便当上了皇帝，照样被人瞧不起。天地重孝孝当先，一个孝字全家安，为人需当孝父母，孝敬父母如敬天。这是自古以来中华民族重孝敬孝的传统，也是对一个人道德品质的基本判定。在封建法律中，不孝不仅会被人瞧不起，还会被治罪甚至杀头。孔子说："五刑之属三千，而罪莫大于不孝。"是说五刑之下，条律三千，但在这三千项罪名中，没有什么罪比对父母的不孝还要大。清代学者丁柔克在其著作《柳弧》中载有一件因不孝而受到严厉处罚的案例。

嘉庆十四年四月十三日奉上谕："朕以孝治天下……今据湖北巡抚汪疏称，武生邓汉珍与妻黄氏殴母辱姑一案，朕思不孝之罪别无可加，唯有剥皮扬灰。族长不能教诲子弟，当问绞罪。左右邻舍知情不报于上，杖八十，充发乌鲁木齐。教官不能化善，杖六十，充发。府县不能治民，削职为民，子孙永不许入考。黄氏之母不能教诲其女，脸上刺字，游省四门，充发。仍将邓汉珍与妻黄氏发回汉川，剥皮扬灰示众。邓汉珍之家掘土三尺，永不许居住。邓汉珍之母发湖北布政司，每月给米一担，发银一两体恤。著湖北总督将此案勒碑石，垂谕各省州县卫示知，嗣后倘有不孝，照例治罪。钦此。"

此案株连之广，处罚之严酷，史所罕见。处罚手段尤其令人毛发悚然。可见在封建时代，对于不孝之人的惩罚是相当严酷的。"人不孝其亲，不如禽与兽"，在当时的文化氛围和传统观念中，孝是至高无上的人伦道德，是立家治国的根本，是全社会都应遵守的律例。不孝之人，怎么惩处也不为过！哪怕你官当得再大，事业做得再成功，如果有不孝之行，一样会被人瞧不起，甚至还会被治罪。

乾隆时，福建漳州总兵李荫樾的继母病故，按例他应该回籍丁忧。清朝的官员父母去世，该官要离职二十七个月，还不给薪水。清朝官员的俸禄本来就少，如果两年多不给，那还不得喝西北风啊。李荫樾就上奏乾隆，说老家在宁夏，也没人在那儿了。他不想回去丁忧了。如果回去，那这边的老婆孩子就没人照顾了。还和乾隆讲条件说，如果非回去丁忧不可，能不能给他哥哥安排个工作等。乾隆一看奏折就火了，大骂:“你眼里只有老婆孩子，没有父母，真不知道天下还有你这样的无耻不孝之人!”

李荫樾因此被革了职。

百善孝为先，不孝之人，官再大，又如何？不孝之人，再成功也会为人所不齿。古代如此，当代也是如此。

刚刚33岁的王林可谓是一位春风得意的青年才俊。他是留学德国的法学博士，回国后在一家国企工作，年收入大约是6万欧元。这次一家德国著名品牌公司招聘法务主任，经过激烈的竞争，他进入了最后一轮角逐。德国公司高层都很看好他，如果这次应聘成功，他的年薪将达到20万欧元。

这家公司为了招到不易跳槽，有责任心，能力非凡的员工，希望能对最终面试的人才做一个全面的考察。于是公司总经理邀请最终的三位应聘者和他们的家人一起到北京相聚，并特别说明一定要邀请父母。可王林的父母在一个偏远的农村。总经理说，没关系，就去把他们接来吧。王林似乎有些不情愿，但还是和总经理秘书小刘一起回到黔西大山深处的一个小村庄接来他的父母。

原来王林的父母家生活条件竟然那么差，远不如王林在北京香车豪宅的天堂般生活。曾经砸锅卖铁将他供出来的爸爸妈妈，如今还住在破旧土坯房中，并且债务缠身，整日愁容满面。小刘很惊讶王爸王妈现在居然过着这样的日子。但王林似乎并没有任何的歉疚。匆匆地告诉爹妈要接他们去北京住几天。父母的眼中当即泪光闪烁，母亲甚至悄悄地抹了一把泪，把王林拉到一边悄声问："是真的吗？真的可以去北京吗？"王林有些不耐烦地说："都来接你们了还能有假？快收拾吧。"父亲似乎还有些不相信般地坐着没有动。王林说："爹呀，让你收拾就收拾呀，磨蹭什么呢？"在返程的车上，小刘和王爸王妈闲聊，才知道他们竟然从来没有去过北京，甚至都没有走出过这个小山村。小刘用摄像机把这些都录了下来。

当总经理看到这段视频时，咬牙切齿地说："这家伙是个浑蛋！这样不孝的人，再有能力有什么用？不要，坚决不要！"

不孝之人不配为人，不孝之人无德无行，不孝之人，取得再大的成就、获得再多的成功，也注定他是一个不入流的小人，是被人瞧不起、遭人唾弃、为人不齿的小人！这样的人，没有哪个企业会容忍，他的成功，也注定只可能是偶然的机遇，绝不是必然的结局！

3

成功的人都有一颗诚挚的孝心

只有那些孝亲敬亲、懂得感恩、有一颗诚挚而真诚的孝心的人，才会有真正的成功，让人仰慕、尊重、效仿的成功。历史上，那些伟大的成功者们身上的孝行，如同浩浩夜空下明亮的星斗，那么光辉，那么耀眼，那么让我们感动。

★★★★★

舜，上古五帝之一，姓姚，名重华，字都君，史称虞舜。其时代距今4000多年。舜帝是我国有史记载以来的第一位大孝子，被列为二十四孝之首，20岁时就以孝名闻于天下。现在的舜帝陵庙大门前还刻有“德圣、孝祖”四个字，传颂着舜的德行和孝行。

尧帝16岁称帝治理天下，到86岁时，觉得自己年纪大了，希望能找到一个合适的人继承帝位。于是他征求群臣的意见，没想到众位大臣异口同声地向他推荐一个乡下人——舜，因为舜是一个著名的孝子。

舜的母亲不幸在他小的时候就过世了，于是父亲再娶。继母生下一子，取名为象。父亲叫“瞽叟”，瞽是眼盲的意思，因双目失明故有此名。他不仅眼盲，心也盲，不明事理，还很顽固，对舜相当不好。继母是一个没有妇德之人，生了弟弟象以后，父亲偏爱继母和弟弟，三个人经常联合起来欺负舜，千方百计想要害死他。

有一次，瞽叟让舜上房修补屋顶，舜上去之后，他就在下面放火，火焰熊熊燃烧，以为舜会被烧死，没想到舜两手各撑着一个大大的竹笠像鸟一样从房顶上飞了下来，丝毫无伤。原来舜早就有了准备，防范着。又有一次瞽叟命舜挖井，舜挖到井的深处时，瞽叟就和象从上面往井里拼命倒土，想把舜活埋在井下面。没想到舜在井的半腰上凿出了一个通道出去了。

但即便父亲、继母和弟弟这样待舜，舜也从来没有不孝之心，反而更加谨慎地侍奉父母，爱护弟、妹，顺从他们。

尧帝得知舜的孝行后，极为欣赏，并把自己的女儿娥皇和媖嫁给了舜。28 年之后，尧帝正式把王位传给舜。舜不仅成为中华民族的明君，也成为千古以来的道德典范。

舜之所以能成功登上帝王宝座，成为当时的首领，与他那颗诚挚的孝心密不可分。因为他的孝行，感天动地，四处传扬，为天下人尽知，也为天下人共敬，其孝行、贤德、心胸得到尧的赏识，得到天下人的拥护，才得以成为号令天下的首领，成为华夏民族最尊敬的帝王。可见，在远古时代，孝就已经是考察一个人的德行的重要标准，更是一个人威望形成的重要条件。一个不孝父母、不敬祖先的人，是不可能得到大家的尊敬和拥护的，更不可能成为大家追随的王。

在今天也是如此，那些取得伟大成功的人都是孝子，都有一颗让人感念的孝心。

有一次，一位记者采访比尔·盖茨，找了几次找不到他。终于有一次，两个记者在飞机上堵着了他，然后问比尔·盖茨，人世间最不能等的是什么？没有想到，比尔·盖茨对他们说了一句话：世界上最不能等的，莫过于孝敬父母！

比尔·盖茨对父母极为孝顺。比尔·盖茨在 1975 年母亲节时，寄给他妈妈一张卡片。这一年，他在哈佛大学读二年级。比尔·盖茨在卡上用斜体英文写着这么一段话：我爱您！妈妈，您从来不说我比别的孩子差；您总是在我干的事情中，不断寻找值得赞许的地方；我怀念和您在一起的所有时光。

20 世纪 90 年代，比尔·盖茨的母亲生病了，他花更多的时间在医院里陪伴母亲，一直到母亲去世。他把对父母的这种爱扩大到团队，最后扩大到全天下。所以，比尔·盖茨拿出 175 亿美元捐给慈善基金会。

人以德为本，德以孝为先。有孝心的人才会成功。要想成功，先要有一颗诚挚的孝心。

当然，孝心，不是为了成功而故作的姿态，孝心应当是作为儿女的一种天性，是做人的根本。作为儿女，我们应尊敬父母，侍奉老人，这份孝心是出于对长辈的感激之情而自觉地表现出来的。要关爱和尊敬父母，对父母养育之恩之辛苦，有发自内心的爱戴和敬重感激之情；对父母的忠告和教诲，虚心接受，恭敬有礼，尽可能按父母正确的要求去做，不和父母顶嘴。在生活上体贴照顾父母，为父母分忧解难，并尽赡养父母的义务，尽最大可能给父母创造一个安适、舒心的生活环境，爱他们、尊敬他们、关心他们，让他们有一个幸福快乐的晚年。

小浩通过努力在城市安了家，想起了自己在农村的父母，这么多年他们一直在背后默默地为自己做着贡献，也该接到城市里享福了。

小浩的妈妈特别爱诉苦，总是在他面前唠叨爸爸各种不是。这天，小浩刚回家，妈妈又唠叨上了："你爸爸就是……" 小浩正好心情也不好，一听就烦了，大喊一声："你要是觉得爸爸那么不好，跟他离婚就是！"他的一句话让妈妈的脸都白了，妈妈不知道儿子怎么突然说出这种话来。

话说出来后，小浩也有些后悔，自己这是怎么了，不是已经想好了吗？这次把妈妈从老家接来，就是要对她好，怎么反而对她吼起来了呢？可是妈妈爱抱怨、爱唠叨的脾气根本没变，一开口没两句话就又是"你爸爸就是……"，要么就是"你就跟你爸一样"！小浩又没忍住，又吼了妈妈一声。妈妈吓得好几天没敢吭声，母子俩的关系紧张起来。

小浩很后悔，不该这样对妈妈。仔细想了之后，决定改变策略，每天都对妈妈笑脸相对，聊一些有趣的事情，并且从不吝啬肯定和夸奖，只看妈妈好的一面，不管她的唠叨和抱怨。有一天他看到妈妈擦得干干净净的窗户，忍不住由衷地赞叹："太干净了，妈您真厉害！简直像个田螺姑娘！"

正在开口抱怨的妈妈忽然愣住了，眼泪掉下来："小浩啊，这么多年，你爸爸都没夸我一句，好像我做什么都是应该的……"

小浩还是没接妈妈的话，而是说："妈妈您今天穿得真漂亮，越来越年轻了！"

妈妈终于忘了抱怨，跟小浩聊起新买的衣服。

时间久了，妈妈也更喜欢和儿子聊聊一些有意义的话题，抱怨少了，家里的笑声多了。

★★★★★

生活中，我们常为这样的事情而痛苦：我们爱父母，也知道父母更爱自己，可是由于思维方式、处事方法的不同等原因，就是跟父母搞不好关系，明明想要对他们好的，可说出来的话总是让他们生气。不可否认，"代沟"是必然存在的。但是，代沟并不能成为我们与父母关系不和谐的障碍。只要我们稍微改变习惯的思维角度，就会发现父母并不是那么难以沟通，当我们不可避免地与父母发生或明或暗的争执时，我们需要一个新的角度来使我们胜过这种争执。一旦我们自己改变，和父母的关系也就随之改变了，与周围环境的关系也就改变了。最终，我们会发现原来生活是如此地美好，原来成功如此简单。

4

感恩亲情，为亲人常回家看看

古人云：水有源，木有本，父母者，人子之本源也。孝本是天性。一条河流之所以能够流得长远，是因为它有不竭的源头；一棵树之所以能长得高大，能抵挡风雨，是因为它有很深的根。我们的父母就是我们为人子女的源头和根本，是我们幸福的源泉，也是我们成功的根基。我们从父母身上获得了太多太多的东西，父母为我们付出了他们生命中最宝贵的爱，他们的全部。

有父母的地方就是我们的家，父母在哪儿，家就在哪儿。家是我们永恒的温暖的避风港，它给我们的不仅是生活上的满足，物质上的需求，更给了我们精神上的慰藉。无论我们走到哪里，回首最终的归宿：也许当我们为实现自己的梦想在外面打拼的时候，会暂时忘记，可我们内心深处总会有一根线牵扯着。家是温馨，家是甜蜜，家是无论我们走到哪儿都要回去的地方，因为有家的地方，就有父母的期盼，有兄弟姐妹的情谊，有妻儿老小的眷恋……最重要的是，家里有永远等候我们回家的爸爸妈妈……

明代御史杨黼有这样一个故事：他要去四川拜访据传是“菩萨再世”的无际禅师。母亲担心路途艰险，苦苦挽留。但他还是去了四川，见到了禅师。无际禅师说：“见菩萨，不如见佛。”杨黼问：“佛在何处？”禅师说：“往回走，有个人身披黄色被子，倒穿木屐为你开门，那就是佛。”

杨黼一路往回走，始终未见禅师所说的佛，越走越失望。数月后，他回到故乡，叩响家门。自儿子走后一直茶饭不香的母亲喜出望外，来不及穿衣，扯过被子披上，也顾不上穿反的木屐，匆匆跑去开门。门开的一刹那，杨黼想起禅师的话，顿时跪倒在母亲脚下，原来自己苦苦寻找的佛就是自己的母亲啊！还有什么比守在母亲的身边更美好的事呢？于是他再没离开家乡，而是一直守在家里，尽心侍奉母亲。

这个温暖的故事告诉每个离家在外的游子，世间最珍贵、最重要的人不是在外面，而是在家中。在每一个家里，都有一个曾经给予我们生命、付出无数心血来关怀我们的平凡而伟大的母亲。父母才是我们生命中的佛！时刻等候着我们，守护着我们，牵挂着我们，保佑着我们。在游子的心中，不论身在何方，身处何地，都有漂泊无依的感觉，只有父母在的地方，才有家的感觉。父母在哪里，家就在哪里，特别是对那些辗转各地的游子而言，这更是绝对的真理。

俗话说得好，“儿行千里母担忧”“母年一百岁，常忧八十儿”。子女是父母永远的牵挂和企盼。为了生计和发展，越来越多的人无奈地走出家门，远离父母。“父母在，不远游”已成为美丽的期盼和遥远的怀想。漂泊的时间越来越多，与父母相聚的日子越来越少，甚至是重大的日子，如过年过节、父母的生日或是家庭的重大纪念日，我们都会有各种各样的事情和各种各样的理由，回不到父母的身边，见不到正在老去的爸爸妈妈……

其实作为儿女，我们真的有那么忙吗？难道就抽不出一点儿时间来看看爸爸妈妈吗？就连陪爸爸妈妈吃一顿饭的时间都没有吗？

父母能够理解孩子的忙，但是我们作为孩子能够理解父母晚年的空虚寂寞吗？物质、金钱并不能弥补生活的空虚。请多抽点时间陪陪父母，逢年过节，多回家陪陪父母，多给点关怀，哪怕是一个电话，一个简单的问候，别让我们的父母感到孤单……

感恩父母，感恩亲情，那就常回家看看吧。其实也不需要你干很多活。但家中有个孩子，父母有了一个倾诉的对象，他们心里舒畅；家中有个孩子，父母的万般爱心有了实际的着落，他们心里高兴。

常回家看看，其实花不了多少钱。中秋一盒月饼，重阳几块糕团，偶尔带去一个哈密瓜，或从刚发的奖金中拿出几张来悄悄放在父母的桌上。这一切并不会成为你的负担，反而会让你心中有幸福的感受。

常回家看看，其实也不需要你费许多时间。中午吃饭，傍晚下班，骑自行车绕一趟。来回用不了多长时间，但温暖了父母，也坦然了自己。正是这天长日久的“绕一趟”，惹得父母家屋前屋后、楼上楼下的邻居都眼红。

常回家看看，一份真情赢得父母更多的关爱；常回家看看，点滴孝心也教会子女做人的道理。常回家看看，最终受益的将是你自己！每逢周末，看到自己的孩子给爷爷奶奶打电话问好，看到孩子特地去看望爷爷奶奶和外公外婆，看到孩子与老人其乐融融的画面，你的心里会甜滋滋的。因为你的“常回家看看”，已经造就了“接班人”，等你老年后绝对不会孤单寂寞。

《常回家看看》这首歌之所以红遍了大江南北，受到人们的广泛喜爱，就是因为它唱出了所有人的心声。尽管父母对我们付出很多，但是他们对我们的要求其实很少，就像歌词里唱的：“老人不图儿女为家做多大贡献，一辈子不容易就图个团团圆圆。”父母并不要求儿女成为百万富翁或者名家大腕，只要孩子们平平安安，子女儿孙一切都好，他们就最开心了。常回家看看吧，不管多远，不管在外面混得怎么样。即便再落魄，父母也不会嫌弃；即便再风光，也不能扔下父母不管。别让父母倚门空守，别让父母翘首以盼……

5

尊师重道，不忘老师的恩情

尊敬师长是中华民族的传统美德。“孝亲尊师”是做人的根本，人们常把老师比作父母，正所谓“一日为师，终身为父”；就是因为老师关心爱护、教育学生的慈善之心同父母对待子女的慈善之心是一致的，所以老师在教书育人的过程中，为学生付出的心血和代价是无法估量的。师情与亲情是天下最纯真的感情，在生活中，我们不但要孝敬父母，也要尊重师长。

★★★★★

汉明帝刘庄做太子时，博士桓荣是他的老师，后来他继位作了皇帝，“犹尊桓荣以师礼”。他曾亲自到太常府去，让桓荣坐东面，设置几杖，像当年讲学一样，聆听老师的指教。他还将朝中百官和桓荣教过的学生数百人召到太常府，向桓荣行弟子礼。桓荣生病，明帝就派人专程慰问，甚至亲自登门看望，每次探望老师，明帝都是一进街口便下车步行前往，以表尊敬。进门后，往往拉着老师枯瘦的手，默默垂泪，良久乃去。当朝皇帝对桓荣如此，所以“诸侯、将军、大夫问疾者，不敢复乘车到门，皆拜床下”。桓荣去世时，明帝还换了衣服，亲自临丧送葬，并将其子女作了妥善安排。

尊师重道是中华民族千年的美德，需要后代的传承与发扬。老师，是我们成长路上的领航人，是老师把我们从懵懵懂懂带到成熟，从无知变得学有所长，从人生无意识到有目标的追求；让我们的人生开始有梦想，让我们看到梦想与现实之间的差距需要不断努力、不断追求，使我们的生命也因为追求梦想而更有意义。

宋代著名哲学家杨时从小就聪明伶俐，八岁能赋诗，九岁就能作赋，人称神童。他十五岁时攻读经史，熙宁九年登进士榜。他一生立志著书立说，曾在许多地方讲学，备受欢迎。居家时，长期在含云寺，潜心攻读，写作教学。有一年，杨时被调去做官他都没去，在颍昌拜师程颐，以求学问上进一步深造。有一天，杨时与他的学友游酢，因对某问题有不同看法，为了求得一个正确答案，他俩一起去老师家请教。

时值隆冬，天寒地冻，浓云密布。他们行至半途，朔风凛凛，瑞雪霏霏，冷飕飕的寒风肆无忌惮地灌进他们的领口。他们把衣服裹得紧紧的，匆匆赶路。来到程颐家时，适逢先生坐在炉旁打坐养神。杨时二人不敢惊动打扰老师，就恭恭敬敬侍立在门外，等候先生醒来。

这时，远山如玉簇，树林如银妆，房屋也披上了洁白的素装。杨时的一只脚冻僵了，冷得发抖，但依然恭敬侍立。过了良久，程颐一觉醒来，从窗口发现侍立在风雪中的杨时二人，只见他们通身披雪，脚下的积雪已一尺多厚了，赶忙起身迎他俩进屋。

后来，杨时学得程门理学的真谛，东南学者推杨时为“程学正宗”，世称“龟山先生”。此后，“程门立雪”的故事就成为尊师重道的千古美谈。

★★★★★

自古以来，尊重师长都是优良的传统。父母给了我们生命，师长授予我们知识，包括道德礼法。无论官职再大，学问再高，都必须尊敬师长。老师很辛苦，既要教书，又要育人，既要给我们传授知识，又要教我们怎样做人，所以我们要尊重老师，关心老师。

教师之所以受人尊敬，不只是因为教师肩负着传授文化知识，教授学业的光荣职责，更重要的是，教师是学生心灵的塑造者、社会规范和价值的传递者，担负着培养一代又一代人怎样做人，怎样做一个好人的神圣使命。此所谓的“学高为师，身正为范”。因此，我们要感恩老师给予我们知识。他们真正是燃烧了自己，照亮了别人。他们的谆谆细语，他们的点点滴滴，都让我们永远感恩铭记。

老师是我们成长路上的领路人，教导我们如何做人、如何做事、如何选择，帮我们把握正确的人生航向，让我们最终走向成功。有一位教师曾经说过这样的话:“我们不需要太多的荣誉和赞美，我们只喜欢‘老师’这两个字。”这些质朴的言语无疑是教师们共同的心声，是他们内心世界最真实的情感流露。我们感谢老师们辛勤的教育，感恩他们的谆谆教诲，然而再多赞美的言语，仰慕的辞藻，也比不上我们用爱和行动来感恩老师。

★★★★★

居里夫人是波兰人，是世界上最著名的女科学家之一，曾经两次获得诺贝尔奖，被人们尊称为“镭的母亲”。她在取得巨大的成就和受到世人的无限敬仰的同时，首先想到的是自己少年时代教法语的欧班老师，因为居里夫人知道，如果当初没有老师细心严格的教诲，自己是不可能取得这样伟大的成就的。

1932年5月，华沙镭研究所建成。作为赞助人的居里夫人愉快地接受了祖国的邀请，到华沙去参加开幕式典礼。这天，全世界许多著名人物都簇拥在居里夫人周围，他们中间有国王、王后，有许多国家的领导人，有各个领域最著名的科学家，还有居里夫人的亲朋好友。开幕式快要开始的时候，居里夫人忽然从主席台上快步走下来，捧着鲜花穿过人群，来到一位坐在轮椅上的老年妇人面前。居里夫人深情地握住了她的双手，并轻轻推着她的轮椅向主席台走去。回到台上，居里夫人向大家介绍，这位老人就是自己少年时代的欧班老师。会场里的人见到这情景，都向这师生俩投去羡慕敬佩的目光，全体起立热烈地鼓起掌来。这位80多岁的老人脸上挂满了激动幸福的泪水，她的学生成为世界名人之后，对她还是那样热爱，那样尊敬。

★★★★★

一个世界名人尚且对自己的老师如此心怀感恩，那么我们又该用怎样的行动，来回报那些含辛茹苦教育我们的老师呢？因此，我们不要忘记曾经培养过自己的师长，有时间回去看看他们，看看桃李满天下的老师们。师恩难忘，没有老师的培育就不能有我们今天的成就。

6

亲情在心中，家和万事兴

孟子说：“天下之本在国，国之本在家。”就是说，只有家庭关系和睦，才会有社会关系的和谐、顺畅。一个社会是由千千万万个普通家庭组成的，家庭是社会的细胞，家庭生存环境的恶化是破坏社会稳定的重要因素！我们要用爱来激发人的创造热情和活力，用爱来感恩亲人，感恩家庭。

有这样一个故事：从前有一对中年夫妇对年迈的父母很不孝敬，他们把老人撵到一间破旧的小屋里居住，每顿饭用小木碗送一些不好吃的东西给老人。一天，他们看到自己的儿子在雕刻一块木头，就问孩子刻的是什么，孩子说：“刻木碗，等你们年纪大时好用。”这对中年夫妇猛然醒悟，把自己的父母请回正屋同自己一起居住，扔掉了那只小木碗，拿出家里最好吃的东西给老人吃。小孩因此也转变了对他们的态度，从此一家人和睦生活。

家是讲亲情的地方。亲情就是亲人之间的感情，她的本质是关爱，是母爱、父爱、手足之情、血脉之亲、长者对幼者的疼爱……亲情是风雨中的一把伞，是冰天雪地的一堆篝火，是荆棘荒途上的一朵玫瑰。生活是不能没有亲情的，而生活里就时时有亲情在温暖着我们。

我们中华文化所提倡的传统美德都是从家庭开始的，“孝悌也者，其为仁之本与”，就是要孝敬父母，慈爱子女，形成一个和谐的家庭。家庭和谐必须以“爱”为主线。家庭成员之间要以亲情和爱情为主线，相亲相爱，互让互助，相互亲近、依恋、关注、牵挂和奉献，尤其是夫妻之间。只有这样，家庭的和谐才能牢不可破。因此，我们要懂得感恩亲情，感恩家庭。

李嘉诚的表妹庄月明——他的妻子，从他穷困潦倒的时候就一直帮助他，后来又甘当贤内助默默支持着丈夫的事业。

22 岁的李嘉诚于 1950 年创办了长江塑胶厂。组建初期的质量事故，使他遭受重大打击，但是这也没有改变庄月明对他的爱。正是因为他们逆境中的爱情，李嘉诚汲取了不竭的勇气和前进的力量。长江塑胶厂于 1955 年迎来了自己的春天，工厂产销走上正轨。李嘉诚在结束了 1957 年到意大利的考察后，第一个在香港推出了塑胶花，该产品风靡全港。他后来将其推广到全球，成为名副其实的“塑胶花大王”。1958 年，是李嘉诚涉足地产业的开始，他的第一幢工业大厦位于港岛北角，他的事业迅速迈向辉煌。

1963 年，李嘉诚和庄月明在众人羡慕的目光中走进了婚礼的殿堂。婚后的庄月明进入了长江工业公司工作，希望给李嘉诚以支持。她凭借着出色的外语、克勤克俭的作风，迅速与同事们打成一片，并得到一致好评。在当时还算不上是大富豪的李嘉诚，为了让爱妻能够有一个舒适的生活环境，斥资 63 万元买下一栋花园洋房，这就是深水湾道 79 号 3 层住宅，现在李嘉诚还依然在那里居住。这栋洋房当时被人称作是最好的礼物。

李嘉诚事业上的重大转折点是 1972 年 11 月“长江实业”的

上市。庄月明时任执行董事，是公司决策核心人物之一，李嘉诚不少石破天惊的决策，均蕴含了她的智慧和心血。低调的庄月明很少出面接受记者访谈，所以，人们在谈论李嘉诚的辉煌业绩时很少提到她。但实际上，如果李嘉诚的事业中没有了庄月明，真不知道会怎么样。

李嘉诚的两个儿子于1964年8月和1966年11月先后出生，庄月明开始专心于家事，照顾老人、抚养孩子。专心家事的庄月明虽然依然为丈夫的事业出谋划策，但仍保持她低调的一贯作风，很少在公众场合接受记者采访，甚至很少与丈夫双双出席各种大小宴会。李嘉诚夫妇于1989年12月31日出席在君悦酒店举行的迎新年宴会，容光焕发的夫妇俩成为当晚宴会上最耀眼的明星。但第二天下午，骇人的消息传来，庄月明突发心脏病，不治身亡，年仅58岁。身经商场百战的李嘉诚，面对妻子的突然离世，悲痛欲绝，难以自已，不禁泪如雨下。

庄月明作为香港大学的毕业生，曾于1961年在香港大学获得文学学士学位，因此，李嘉诚在夫人去世之后，为表示他无尽的怀念和爱心，捐赠了3500万港元给香港大学，作为专项基金。

★★★★★

“相爱容易相处难”，更何况朝夕相处、长年累月的婚姻生活。要想拥有一个美满的、高质量的婚姻，必须学会感恩，学会经营。爱的港湾不一定要拥有豪华的家具，却一定要有两颗相互怜惜的爱心。爱的港湾不一定是宽敞明亮的豪宅，却一定是一个充满温情的爱的小巢。有人说，当一个女人爱着一个男人，而这个男人又爱着这个女人时，天使就会从天堂下来，坐在那家人家里，唱起欢乐之歌。对于我们来说，家，是最舒服、安全、稳定和快乐的地方，我们每个人都应该为拥有一个温暖的家而感到幸福。

一个女人在外劳累了一整天，傍晚回到了家里，会感到特别地放松和舒适。一盆热水、几道小菜、还有一杯红酒，可以给你任何一家宾馆无法提供的温馨感觉。丈夫宽厚的肩膀，儿女的娇嗔嬉耍，还有老人的谆谆关怀，可以让所有的疲劳与委屈烟消云散。

家也是男人的避风港和加油站，是让他身心最为放松的地方。没有一个幸福的家庭，再有激情的男人也会被折磨得焦头烂额，再能干的男人也会感到生活无聊。一个聪明的妻子要首先懂得如何为丈夫创造出一个充满温馨、安全和舒适的爱的小巢，让家成为一个爱的港湾。

★★★★★

小江是一个司机，结婚三年了，由于长期在外边跑运输，根本顾不上家里。家里除了妻子以外，还有一个两岁的儿子和自己的母亲。母亲年纪大了，身体又不好，需要有人照顾。自己在外三天两头跑长途有时甚至十天半月都回不了家，家庭的重担就都落在了妻子一个人的身上。小江的妻子是一个很要强的人，也很能干。家里的里里外外都由她一个人撑着，既要照顾老人和两岁的孩子，又要种自家的责任田，很辛苦，但她却把家里安排得井井有条。

但世上没有十全十美的事，婆媳间经常为一些鸡毛蒜皮的小事争执不休，出现矛盾。小江在两个人中间也是左右为难。

每当他拖着疲惫的身子回到家时，就盼着吃上一口热乎饭，然后蒙头大睡，好好休息一下。可是当热饭端上来，还没吃几口，婆媳二人就都开始诉苦，数落对方的不是，常常是“公说公有理”“婆说婆有理”，甚至说着说着就呛起来。

几乎每次回家，家里都要大小闹一回，弄得大家心里都不高兴。面对这种局面，小江简直烦透了，饭吃不好，觉睡不好，身体累，精神更累，疲惫得受不了，有时想永远不回家，眼不见心不烦。可他做不到，既是母亲的儿子，又是妻子的丈夫，还是孩子的父亲，肩上的责任和义务告诉他必须回家，而且只有想办法解决问题，调节好家庭的气氛，大家在一起才能够愉快地生活。小江左思右想，终于悟出了一个道理：母亲与爱人之间存在着年龄、性格、心理等方面的差异，一时难以协调，但是她们之间有着一个共同点即都爱小江，她们的心里都有小江的存在，母亲疼儿子，妻子爱丈夫。于是，小江就注意多做工作，做婆媳之间的调停人，尽力强化她们之间的“一致性”，通过她们彼此的交流，增强她们之间的感情，使她们的关系融洽。

为了增进母亲与妻子的理解，小江不失时机地做工作。当他母亲60岁生日之际，他特地去买了一大堆母亲爱吃的东西和寿礼，并有意识地劝说妻子去给母亲送生日礼物，妻子开始不太乐意，但又禁不住小江的一再劝说，于是给婆婆送去了寿礼，婆婆也破天荒地第一次向媳妇露出了笑容。之后小江就更注意在生活中寻找她们的共同点。不久他又发现母亲与自己的妻子都爱看越剧。于是他去买了两张越剧演出的戏票，临时又推说有事脱不开身，硬让她们婆媳俩去观看越剧。不出所料，共同的爱好使她们产生了共同的语言。直至看完戏回家，她俩还津津有味地谈论着剧情与剧中人物。自此，她们婆媳二人关系渐渐好转了，她们也都明白了小江的良苦用心，后来就算生活中真的遇到不如意，也都能够相互谅解，家庭的气氛也更加轻松和谐了。

★★★★★

家和才能万事兴。小江依靠爱人的努力，能够营造良好的生活气氛，也让彼此更加成熟而富有责任感。在尊重对方的同时，也得到对方的尊重。其实，两个人由于相爱而组成了家庭，无论是丈夫，还是妻子都要扮演一定的角色，承担起家庭的责任和义务。在享受对方关爱的同时，学会感恩，回报给对方以爱和温暖，共同侍奉你们的父母，抚养你们的孩子。在交流与碰撞中学会理解和宽容，才能创造和谐，走向幸福。

第七章 感恩逆境，越是逆境越能造就伟大的成功

失败和成功一样，是我们生命中必然要经历的一部分，它不过是暂时的挫折，与此同时，它也是通往成功大道的阶梯。职场中，没有人能随随便便成功，但总有人在成功。要想成功，就要有勇气穿越逆境的黑暗。付出多于常人的努力，才能见到成功的黎明。

1

不经历风雨，怎能见彩虹

我们要学会感恩挫折，因为它唤醒我们的生命潜力，越是挫折越能造就伟大的成功。有人曾经说过：荣誉的桂冠，都是由荆棘编织而成的。古今中外，多少有为之士没受过挫折？挫折是无处不在的，没有人一生都是顺顺当当，波澜无惊的。没有挫折的人生是不完整的。对此，美国学者马尔腾博士说："挫折是我们的恩人，有了困难，才能拦住与淘汰一切不如我们的竞争者，而使我们得到胜利。"

鉴真和尚在传播佛教文化上，有很大的历史功绩。但是他刚刚剃度遁入空门时，寺里的住持让他做了寺里谁都不愿做的行脚僧。

有一天，日已三竿，鉴真依旧大睡不起。住持很奇怪，推开鉴真的房门，见床边堆了一大堆破破烂烂的草鞋。住持叫醒鉴真问："你今天不外出化缘，堆这么一堆破草鞋做什么？"

鉴真打了个哈欠说："别人一年一双瓦鞋都穿不破，我刚剃度一年多，就穿烂了这么多的鞋子。"

住持一听立刻明白了，微微一笑，说："昨天夜里下了一场雨，你随我到寺前的路上走走看吧。"寺前是一座黄土坡，由于刚下过雨，路面泥泞不堪。住持拍着鉴真的肩膀说："你是愿意做一天和尚撞一天钟，还是想做一个能光大佛法的名僧呢？"

鉴真不假思索地说："想做名僧。"

住持捻须一笑，说："你昨天是否在这条路上走过？"

鉴真说："当然。"

住持问："你能找到自己的脚印吗？"

鉴真十分不解地说："昨天这路又坦又硬，我哪能找到自己的脚印啊？"住持又笑了笑，说："今天我俩在这路上走一遭，你能找到你的脚印吗？"鉴真回答道："当然能了。"

住持听了，微笑着拍着鉴真的肩说："泥泞的路才能留下脚印。"鉴真恍然大悟。

★★★★★

只有在风雨中走过的人，才能在泥泞中留下自己的印迹，才能证明自己的价值。"宝剑锋从磨砺出，梅花香自苦寒来。"任何一种本领的获得都要经过艰苦的磨炼。磨难和挫折可以锻炼一个人的品格，也可以激发一个人向上发展的勇气和潜力。人们在逆境中被逼得退无可退、无路可走时，往往在最后的时刻想出办法来自救，无形之中反而促成了人生的辉煌。所以，我们应该感谢挫折，感谢其中所孕育的成功。有挫折，生活才不会令人感到无聊和厌倦，也才能让我们知道，我们到底有多大潜力。

每个人在生活中都会有遇到挫折的时候，这恰恰是人生最关键的时候。感恩逆境，就不会怀有抱怨之心，就不会在逆境中沉沦，而是会把逆境看成是上天帮你淘汰竞争者的地方，就会笑对逆境，就会勇敢坚强，就会勇往直前，就会不论多么绝望的时候也不会失去希望！最终就一定会战胜逆境，走向成功。

★★★★★

2010年她凭主演的《媳妇的美好时代》而受到关注，并在万众瞩目的第八届中国金鹰电视艺术节获得最具人气女演员奖、第二十五届中国电视金鹰奖观众最喜爱的电视剧女演员奖，以及第二十八届中国电视剧飞天奖优秀女演员奖。

她就是著名演员海清。当时，她已经32岁了，早已过了做明星的黄金年龄。

海清毕业于北京电影学院，但她的资质并不突出。毕业后，历经十年打拼，才从女配角到女主角，从电视剧终于进入贺岁大戏。关于自己，海清说得最多的就是："我是不够漂亮的女演员，所以，我的成功之路是螺旋式的。"

12岁时，海清进入江苏省戏剧学校，17岁进入江苏省歌舞剧团，不到两年，她从一名舞者变成团里最年轻的舞蹈编导。那时，她前途似锦，团领导把她定位为"未来的顶梁柱、接班人"。但她很清醒，歌舞团这种体制内的地方自己绝不可能待一辈子。因为她无论是肌肉力量还是各方面条件都不适合跳舞，于是，她果断地离开了。

1997年，海清她以总分第一的成绩考入北京电影学院表演系，成为演员黄磊的学生。海清在北京电影学院求学期间，她的学姐赵薇因为《还珠格格》一夜走红，再加上黄晓明、陈坤崭露头角，北影表演系被誉为中国的"造星梦工厂"。然而，在这几年中，海清除了客串过一个小角色外，没有接拍任何作品。她知道，提升自己的表演功底和理论水平，才是最关键的。

大学毕业后，海清报考了人艺话剧院，考了两回都落榜了。考官给她下了判决书：不会演戏，不爱笑，以后拍电视剧都不成。偶尔进入剧组拍戏，导演总是批评她，只能完成角色，不能给角色加分。

海清受过很多打击，对于导演的言语打击更是司空见惯，她总是将其作为激励自己的动力。后来，她回忆说："我非常感谢那些最初骂我演戏不好的导演，这是上天赐我的礼物。现在，每每遇到我越拍越没自信时，我都能够在一种不满的情绪中用仅存的一点自信完成拍摄，且一直不断地告诉自己，我很棒。”

功夫不负有心人，海清经历了多次的螺旋式上升后，终于来到了属于她的巅峰。随着《双面胶》《蜗居》的播出，海清走进了观众的视野。在贺岁片《赵氏孤儿》中，海清再次扮演媳妇。总制片人陈红在选定海清时曾说:“选择海清是因为她身上有‘接地气’的实在和生动，可信而亲切。”

★★★★★

一个不爱笑、不够漂亮也没有突出天分的女孩，如今却成了一个成功范本。海清的成功给人以启示：成功不可能一蹴而就，而是有很多弯路要走的，或许正是这些弯路的存在，才让你走得更高、更远。

我们每个人要想在工作中成长，就得经历一次次挫折和磨难，只要我们怀着感恩的心态来看这些挫折和磨难，就会发现，每一次挫折和磨难，都有其独特的“好处”，关键是如何让自己发现这种好处。在工作的挫折中吸取教训，你会找到自己的弱点；在工作的磨难中总结经验，你会变得更有经验；在挫折中站起来，会磨练你的心志；在磨难中挺过来，你会变得更加强大。

因此，我们应该怀着感恩的心来感谢挫折，如果没有挫折，我们大概只会是温室里的花朵，经不起风吹雨打，更不会在工作上收获经验；没有工作过程中的磨难，我们的意志也不会越来越坚定，更不会迎来工作上的辉煌。

2

沉着冷静，遇到困难不慌乱

感恩带给我们最直接的好处就是，无论在什么情况下，我们都会怀着积极的心态来对待。美国心理学家杰弗·戴维森认为，积极的心态源于对工作和学习的乐观精神，凡事不要想得太悲观、太绝望，否则你眼中的世界将是一片灰暗。只有冷静而达观，愉快而坦然，才是成功的催化剂，才是迎接胜利的法宝。因此，当我们心怀感恩时，就会更加沉着冷静，再困难再难做的事都不会慌张着急。保持冷静沉着能给我们带来更多、更好的成功机会。

有个渔夫拥有一套一流的捕鱼技术，人们恭敬地称他为“渔王”。“渔王”有三个儿子，他们从小便跟随“渔王”学习捕鱼技巧，可是很多年过去了，他们的捕鱼技术依然平庸。为此“渔王”经常向别人诉说自己的苦恼：“我真搞不明白，我一直用心地教他们，我把我这一生总结出来的经验毫无保留地传授给了他们，可他们的捕鱼技术竟然连一般渔民的儿子都比不上！”

有一次，一位路人听到他说的话后问他：“你是怎么教的？手把手地教给他们吗？”

“是啊，为了让他们学到我的技术，我把我所有的心思都花在这上面了。”

路人又问：“他们一直跟着你捕鱼吗？”

“是的，我不想让他们走弯路，就一直让他们跟着我学。”

路人说：“按你的说法，你的儿子捕鱼技术平庸很正常。因为他们只学到了技术，并没有学到教训。对于有才能的人来说，教训与经验一样重要，缺少其中一项，都难成大器！”

困难和挫折是我们生命中的一部分，从开始走路，学说话，学写字，我们就是从困难挫折中一路走来，在战胜困难和挫折中成长。困难和挫折会阻碍我们前进的步伐，但没有它，我们就不能学会坚强，没有它，我们就不会有斗志，没有它，我们就不能在社会上立足。

困难和挫折就像是一阵轻风，清醒着我们的头脑，困难和挫折就像是油灯中的油，给我们上进的燃料。我们要做生活中的强者，就要正确认识困难和挫折，提高自身心理承受力，以适应我们这个竞争的社会。

在通往成功的道路上，遇到困难和挫折，经历失败总是难免的。挫折与失败并不可怕，可怕的是在经历失败后一蹶不振、心灰意冷。要想从失败的地方重新站起来，并走向成功，最重要的是拥有一颗积极向上的心。

宋代温江人尹瞻，才思过人，以智慧闻名。他任永州通判时，出巡州里，在江心遇到一棵大树。这棵树长得好生奇怪，自水底生出来，正立在江心，迎着湍急的河水竖着。尹瞻叫人停住船，在树边观察，问船工这树是怎么长在江心中的？船家回答，某年山洪暴发，卷下一棵大树来，正好江心有一大坑，树就立在那里了。越长越大，成了江中一祸害，不少夜间行船的哪想到江心会有大树，撞在树上，不知一年要毁多少条船。尹瞻听罢，忙问：“那为何不除掉它？”船家回答：“除掉谈何容易，从水面上锯去，解决不了撞船问题。下水去锯，人怎可长时间待在水中呢？”

尹瞻听罢，沉思良久，说："我有办法了，请你下水去量一下这树在水下有多少。"船家应命跳下水去，上来报告说有1.2丈。尹瞻记下后回州衙去了。

第二天，他让工匠们做了一只无底大木桶，桶粗1丈，高1.5丈，让工匠们带木桶去除掉那棵江心大树。众船家久为江心树所苦，今听说尹通判来为大家除害，都自愿跟来帮忙。来到江边，尹瞻令几个船家把工匠们载到树边，从水面上锯下树头。然后把木桶套在树干周围，打入江心泥中一尺。而后，让人用工具从木桶中往外舀水。不一会儿，木桶中的水就舀没了。尹瞻让工匠们下到桶底，从容地贴着江底锯下那段树干，最后，锯掉了这个撞船的祸根。

★★★★★

善于在不利的大环境中制造一个有利的小环境，是尹瞻战胜困难的出发点。正是这样，才能转逆为顺，扭转整个时局。很多人认为只要不断地失败就能成功，这其实是错误的。

成功并不单单是失败的积累，它是对失败的总结。善于从失败中总结原因并妥善处理这些问题的人，才能在失败之后获得成功。就像爱迪生为了寻找灯丝，试验了数千种材料都失败了，但他还是满怀信心地说："我知道了，有数千种的材料不适合做灯丝。"因此，我们要树立信心，让困难挫折成为自己向上攀登的垫脚石。在遭遇困难挫折时，努力战胜它，做生活的强者。

身在职场，任何人都会不可避免地遇到工作上的挫折，然而既然无法避免，我们何不用积极的心态去对待它们呢？如果你能保持感恩和乐观的心态对待挫折，你就能出色地完成工作，为自己创造更多的发展空间和机会，最终获得成功的果实。

3

学会坚强，勇敢迎接命运的挑战

面对困难，许多人望而却步，而成功的人往往非常清楚，只要学会坚强，敢于和困难拼搏一番，就会发现困难不过如此！当你在生活中、工作上遇到各种各样的沟沟坎坎，面临进退的选择时，当你感到恐惧和疑虑时，就如同面临一条拦路的小河沟。其实，你抬腿就可以跳过去，就那么简单。在许多困难面前，人需要的，只是那一抬腿的勇气。

★★★★★

在很久以前，曾经有一个老农种了两片庄稼，一片在东南，一片在西北，相距甚远。这一年，幼苗刚长成，恰逢扎根期，东南一片经常受到雨水的浇灌，而西北一片则滴雨未见。扎根期过去之后，东南与西北的气候相同。有许多人认为，东南片的庄稼一定优质高产，因为它的幼苗期环境优越。

然而，事实恰恰相反，到年底，西北片的庄稼亩产 1000 斤，而东南片的庄稼亩产才 800 斤。

很多人对这种现象非常不解，就去找老农询问。老农听后，哈哈一笑说："道理很简单。西北片的庄稼幼时少雨，但因为少雨，庄稼为了生存，就把根扎得很深且很牢。到后来，在相同的条件下，根扎得深的庄稼，就能汲取到更多、更丰富的营养，所以它们优质高产。”

老农的话看似平常，但含义何其深刻。苦难有时并不是不幸，而恰恰是上天给我们的恩赐。正是这些苦难，促使我们不断挖掘生命潜能，主动汲取人类的智慧，丰富自己，博大心胸，将生命的根扎得很深、很牢，为日后的脱颖而出打下了坚实的基础。

因此，当面临困境时，我们要有一个从容乐观的心态去面对，适时地调节自己的心态。我们要明白，人生的路本来就坎坎坷坷，没有什么可以破坏我们的好心情。我们需要的是勇敢迎接命运的挑战。

1770年12月16日，贝多芬出生于德国波恩的贫穷家庭。父亲是当地碌碌无为的宫廷唱诗班的男高音歌手，母亲是一名备受生活折磨的宫廷大厨师的女儿。在父亲的严格训练下，贝多芬显露出了音乐上的才华，但也常常遭到父亲的打骂。

贝多芬4岁时就会弹奏羽管键琴，并获得了音乐神童的美誉；5岁时患上中耳炎；8岁便开始登台演出；10岁时，他拜师于普鲁士最著名的音乐教育家聂费；贝多芬在11岁发表第一首作品《钢琴变奏曲》；12岁时经聂费的推荐，到瓦尔特斯坦伯爵的宫廷乐队担任管风琴师助手，这是贝多芬“音乐仆役”生涯的开始。13岁的贝多芬参加宫廷乐队担任风琴师和古钢琴师。1781年贝多芬跟随乐队指挥克里斯蒂安·戈特洛宝·奈弗学习钢琴和作曲，贝多芬还跟弗兰兹·安东·里斯学习小提琴，在新老师的指导下贝多芬开始形成自己独特的风格。1787年到维也纳后，他开始跟随莫扎特、海顿等人学习作曲。

贝多芬30岁时才开始写第一部交响曲，从1796年开始便已感到听觉日渐衰弱，他对生活的爱和对艺术的执着追求战胜了他个人的苦痛和绝望，苦难变成了他的创作力量的源泉，他扼住了命运的喉咙。他在痛苦中仍然顽强地创作《英雄交响曲》；《英雄交响曲》标志着贝多芬精神状态的转机，同时也标志着他创作的“英雄年代”的开始。1818—1827 年，贝多芬在耳朵失聪、健康情况恶化，精神上受到折磨的情况下，仍以超乎常人的毅力创作了《第九交响曲》，总结了他光辉的、史诗般的一生，并展现了人类的美好愿望。1823 年贝多芬完成了最后一部巨作《第九交响曲》。56 岁的贝多芬听觉完全丧失，但他依然坚持音乐创作。晚年时期的贝多芬创作了最后几首弦乐四重奏。

贝多芬在巨大的痛苦与不幸中，仍致力于音乐创作，使人们感受到了一种坚强的力量。这正是支撑起一个音乐大师心灵的基石。只要具备了这种人生态度，那么，任何痛苦与不幸都能被锻造成通向成功的阶梯。

英国 19 世纪初期伟大的浪漫主义诗人拜伦曾说：“一切痛苦能够毁灭人，然而受苦的人也能把痛苦消灭。”面对磨难，最重要的是要持正确的态度，勇敢迎接命运的挑战。

在人生之路上，每个人都不可能一帆风顺，谁也不可能永远走得稳稳当当。每个人都可能会遇到这样那样的困难，所不同的是：在困难面前，弱者一味痛苦迷惘，畏缩不前；强者却在困难面前挺直腰杆，昂首挺胸，不向困难低头示弱。因此，在沉重的打击面前，我们需要有处事不惊的乐观心态，学会坚强。

4

牢记忍耐，绝不轻言放弃

成功需要不懈的努力，坚强的意志，不屈的精神。只要你不放弃，只要你还在拼搏，失败永远都不会是定局。这个世界根本就没有失败，只是暂时没有成功，我们需要牢记：学会忍耐，决不放弃。忍耐不是软弱，是为了厚积薄发，找个适当的时机，打个漂亮的“翻身仗”。忍耐无疑是痛苦的，但是经历过痛苦的人生才能如凤凰涅槃般升华。

★★★★★

据科学家考证，有一种生长在马达加斯加的竹子，一亩竹子花期过后的种子产量高达50公斤，但开花结籽却要等一百多年。竹子开花的时间因品种而不同，最短的也要15~20年，但这种品种的数量很少，大多数品种都在120~150年开花结籽一次。这种奇特的生理现象让生物学家百思不得其解。但研究出来的结果却是简单而理性的：为了它的种子不被吃掉。喜欢吃竹花竹籽的动物很少有活得过100年的。

还有一种蝉，17年为一个生育周期，从卵到蛹，要在黑暗的地下等待17年。这种生命的忍耐真是让人敬佩而感动。

★★★★★

竹子为了一次开花结籽要等100多年，100多年中，面对一切无动于衷；一只蝉蛹要等17年，在黑暗的地下，默默等待。为了生命的完美，就要有走过漫长等待的忍耐，没有苦难与牺牲，生命的历程就失去了它的壮美。这是不是竹子和蝉想要告诉我们的生活真理？自诩为万物之灵的人类却总在说着："岁月经不起太长的等待"，不懂得忍耐的重要。

其实，"忍耐"是众多有志之士的人生哲学。一个人如果千苦可吃，万难可赴，能忍住岁月的考验，即使不是英雄也会令人钦佩。

忍耐是一种境界，心胸狭窄的人做不到，于是就有了周瑜喊出"既生瑜，何生亮"后，吐血身亡的悲情故事；性格粗暴的人做不到，三句话不到，轻则粗言秽语，重则拳脚相加，伤了别人，也害了自己；利欲熏心的人做不到，整天羡慕他人的一掷千金，崇拜他人的位高权重，经不起诱惑，铤而走险，最后赔掉了自由甚至生命。

马云，阿里巴巴集团创始人。他是《福布斯》杂志创办50多年来成为封面人物的首位大陆企业家，曾获选为未来全球领袖。马云的成功就得益于善于忍耐，永不放弃的性格。

1982年，18岁的马云第一次参加高考。首次落榜，数学只得了31分，他很是灰心丧气，认为自己根本不是上大学的料，于是开始四处打零工谋生计。他每天踩着一辆笨重的装满货物的三轮车，在崎岖不平的路上吃力地行驶，根本不知道自己的前途在何方。

一次，马云踩着三轮车去给一家文化单位运书。在金华火车站的候车室里，他捡到了一本作家路遥的作品《人生》。《人生》里，主人翁高加林的故事深深地感动了他。从此，马云明白了一个道理：人生之路，不仅是漫长的，更是充满坎坷和曲折的，若要有所成就，必将经历一番磨炼，坚持不懈。在经过一番深思之后，马云决定再次参加高考，于是开始勤奋地学习。

1983年，马云第二次参加了高考。这一次，他满怀信心。但是，他再次惨败，数学只考了19分。成绩出来之后，父母对他不再抱什么希望，认为他注定不是考大学的料，劝他安心学点手艺，当个临时工，混口饭吃。马云依然不甘心一辈子只当个临时工，他要坚持考大学，他明白只有考大学才能改变他的命运。由于父母不再支持他考大学，所以他只能边打工边复习。他还常常跑到浙江大学图书馆去学习。

1984年，马云第三次参加高考。高考前，一位姓余的数学老师对他说："马云，你的数学真是一塌糊涂，如果你能考及格，我的'余'字倒着写。"结果，马云的成绩让余老师大跌眼镜。考数学的时候，他靠10个死记硬背的公式，一题一题地去套，结果这一套，居然套出了89分，这个分数在马云的数学考试史上，绝对是破天荒的伟大成就。马云非常幸运地考上了杭州师范学院，成为外语系的一名本科生。

多年以后，功成名就的马云来到他当年一手创立的海博翻译社，题写了四个大字："永不放弃"。这四个字，如今在海博翻译社的网站首页上赫然在目。它传达着这样一种精神：做任何事情，你可能会碰到很多挫折与失败，但是只要你坚持下去，永不放弃，那么你就一定会取得成功！

马云也曾跟我们一样，是一个普通得不能再普通的人，没有显赫的家庭背景，没有高大帅气的形象，没有优秀的学习成绩，没有一鸣惊人的天赋，他的成功靠的是不屈服于困境的精神、改变生存现实的决心、一定要成功的坚定执着的信念。马云高考屡战屡败、屡败屡战，如果他不坚持第二次、第三次，那么，还会有今天的马云，还会有今天的阿里巴巴吗？绝对不可能！

"永不放弃"，不仅是马云终生的信仰所在，也同样应该成为每个渴望成功的人所拥有的共同信念。当你遇到挫折时，不妨想想马云的故事；当你向困难低头时，不妨将“永不放弃”四个字写在纸上贴在床头。

人生总不会是一帆风顺的，很多时候我们都要学会忍耐，因为忍耐会带给我们力量，忍耐会带给我们机会。一个人要生存在世上，有些事必须要学会忍耐。“天将降大任于斯人也，必先苦其心智，劳其筋骨，饿其体肤，空乏其身，行拂乱其所为，所以动心忍性，曾益其所不能。”谁能忍受这样的磨难，就一定会有所作为，而放弃的人就必然失败。因此，对待生活，我们需要学会忍耐，永不放弃！

5

不怕失败，跌倒了站起来又出发

俗话说，失败是成功之母。任何成功的过程都难免遇到失败，可以说没有失败便没有成功。每一次失败都让我们清醒，让我们排除了一条走不通的路。失败犹如一条绳索，坚强的人可以借助它攀高涉险，步入新的天地。因此，我们要学会感恩失败，不怕失败，跌倒了就再站起来。

一家大公司要招聘职员，经过一段时间严格的面试和笔试，公司从300多名应聘者中选出了10名佼佼者。发榜这天，一个青年见榜上没有自己的名字，悲痛欲绝，回到家中便要悬梁自尽，幸好被亲人及时发现，他才没有死成。正当青年悲伤之时，从公司却传来好消息：他的成绩本是名列前茅，只是由于计算机的错误，才导致了落选。

正当青年一家人大喜过望之时，却又从公司传来消息：他被公司除了名。原因很简单，公司的老板认为：如此小的挫折都经受不了，这样的人肯定在公司里干不成什么大事。

★★★★★

英国的索冉指出："失败不该成为颓丧、失志的原因，应该成为新鲜的刺激。"失败并不可怕，关键就是要有从跌倒的地方站起来的勇气和心态。一个人在职场中打拼，难免会遭受挫折与不幸，甚至失败。但失败算什么？在挫折和失败面前，我们必须有一种永不言败的心态。我们要感激失败的考验，从失败中走出一条新路，这样才有希望摘取成功的桂冠。

日本大企业家松下幸之助说："成功是一位贫乏的教师，它能教给你的东西很少；我们在失败的时候，学到的东西最多。""跌倒了就要站起来，而且更要往前走。跌倒了站起来只是半个人，站起来后再往前走才是完整的人。"

凡是渴望成功的人，都必须做好随时迎接失败的准备。不付出代价的成功是不可能存在的，你要想有所结果就必须付出勇气，具备如何坦然面对失败的勇气。无论什么样的失败，只要你跌倒后马上爬起来，跌倒的教训就会成为有益的经验，帮助你取得未来的成功。

★★★★★

约翰·吉米是美国一家人寿保险公司的保险员，他花65美元买了一辆脚踏车到处拉保险。不幸的是，成绩始终是一片空白。可是，吉米毫不气馁，晚上即使再疲倦，也要一一写信给白天被访问过的客户，感谢他们接受自己的访问，力请他们加入投保的行列，每一字每一句都写得诚恳感人。

可是，任凭他再努力、再劳累，也没有产生效果。两个月过去了，他连一个顾客也没有拉到，上司催他也是愈来愈紧。劳累一天回来，他常常连饭也没心情吃，虽然娇妻温顺体贴，但一想到明天，他就全身直冒冷汗。

他在日记中写道：“从前，我以为一个人只要认真、努力地工作，就能做好任何事情。但是这一次，我错了。因为事实显然并不如此！我辛辛苦苦地跑了68天，然而，却连一个客户也没有拉成。唉！保险工作，对我很不合适，不如换个地方找工作吧……”

妻子劝告他说：“坚持下去，就有盼头。”吉米听从了妻子的劝告。

吉米曾想说服一个小学校长，让他的学生全部投保。然而校长对此毫无兴趣，一次一次地拒吉米于门外。当他在第69天再一次跑到校长这里来的时候，校长终于为他的诚心所感动，同意全校学生投保。他成功了！坚持不懈的精神，使他后来成了著名的保险推销员。

★★★★★

一个推销员，如果在推销失败，遭人拒绝、嘲笑时就畏惧、退缩甚至放弃，那成功怎么会找上门来呢？有了第一次放弃，你的人生就会习惯于知难而退，可是如果你克服过去，你的人生就会习惯于迎风破浪的前进。只有具有坚持不懈、绝不放弃的心态，才有成功的那一天。我们应该抱有这样的观念：成功就在下一次。在实际工作中，我们有些人之所以没能成功，并非他们没有努力，而是他们在遭遇到困难之后，在快成功的前夕便放弃努力了。

★★★★★

史泰龙是享誉全球的电影巨星，鲜为人知的是他年轻时所遭遇的挫折。史泰龙在年轻时穷困潦倒，1976年在他30岁生日时，饱受贫穷之苦的他面对妻子用1.5美元买来的生日蛋糕发誓说：“我一定要脱离贫穷。”他当时梦想当演员，于是到纽约去找电影公司应聘。

由于史泰龙的英语发音不标准，长相又不怎么样，虽然他跑了500家电影公司，但是所有的公司都拒绝了他。他当时只有一个想法："过去不等于未来，过去失败不等于未来失败。"他又开始跑回去应聘当演员，又被拒绝500次，但他还是只有一个想法："过去不等于未来。"

他再一次跑回去向每家电影公司介绍自己，结果还是被拒绝。他失败1500次以后还是只有一个想法："过去不等于未来。"

同时，他认为应该改变策略，采取一些不同的行动。于是他利用三天半的时间写了一个剧本，又拿着剧本向电影公司推荐。到1700次的时候，终于有一家电影公司同意用他的剧本，但是不让史泰龙当演员。于是他拒绝了这家电影公司的要求，一直到1755次，史泰龙终于当上了演员。他演的第一部电影叫《洛奇》，也就是他自己编写的剧本，一炮走红，成为全世界片酬最高的男演员之一，基本片酬2000万美元。

★★★★★

人生成功的秘诀之一就在于如何面对失败。有些人将失败看成打击，他的前一次失败就种下了下一次失败的种子，那才是真正的失败者。另一些人则将失败作为一种收获，每一次的失败就增加了下一次成功的机遇。屡败屡战，斗志便一次比一次更强，愈战愈勇，最终胜利也就自然来临。成功者与失败者并没有多大区别，只不过是失败者跌下去的次数比成功者多一次，成功者站起来的次数比失败者多一次。

6

把所有的逆境都看成是成功路上的考验

我们经常听说或阅读一些名人的成功故事，有时会想当然地认为他们是幸运者。实际上，每个成功者都经历过挫折，但他们都是无惧逆境的人，即使困难重重，不停地受到打击和挫折，他们也会不达目的不罢休。

成功者明白，逆境可以锻炼一个人的品格，也可以激发一个人向上发展的勇气和潜力。在逆境中，人们被逼得退无可退、无路可走时，往往在最后的时刻想出办法来自救，无形之中反而造就了人生的辉煌。所以，我们应该感谢逆境，感谢成功路上的考验。

★★★★★

“发明大王”爱迪生的每一种发明，都是经历了无数次的实验失败后，才取得成功的。当爱迪生开始着手研究电灯时，他用传统的炭条作灯丝，一通电灯丝就断了，接着用钌、铬等金属作灯丝，效果也不理想。就这样，爱迪生试验了1600多种材料。一次次的试验，一次次的失败，很多专家都认为电灯是发明不出来的。英国一些著名专家甚至讥讽爱迪生的研究是“毫无意义的”。但爱迪生面对失败没有退却。他明白，每一次的失败，意味着又向成功走近了一步。

1879年10月，爱迪生的老朋友麦肯基来看望他。爱迪生望着麦肯基说话时一晃一晃的长胡须，突然眼睛一亮，何不用胡子做灯丝呢？麦肯基剪下一绺交给爱迪生。爱迪生满怀信心地挑选了几根粗胡子，进行炭化处理，然后装在灯泡里。可令人遗憾的是，试验结果也不理想。

爱迪生很失望，当他起身准备为这位慈祥的老人送行时，下意识地帮老人拉平身上穿的棉线外套。突然，他又喊道："棉线，为什么不试试棉线呢？"

接着，爱迪生把棉线炭化后装进了灯泡。接通电源，灯泡发出金黄色的光辉，把整个实验室照得通亮。13个月的艰苦奋斗，爱迪生试用了6000多种材料，试验了7000多次，终于有了突破性的进展。

这盏电灯足足亮了45小时，灯丝才被烧断。这一天是1879年10月21日，这是人类第一盏有实用价值的电灯的诞生日。后来，这一天被人们定为电灯发明日。

爱迪生并没有满足自己的成功。他认为必须把电灯的寿命延长到几百小时，甚至几千小时。又经过几千次的试验，爱迪生发现用炭化后的日本竹丝作灯丝效果最好。于是，他开始大批量生产电灯。从此，电灯开始进入寻常百姓家。

★★★★★

成功的路上充满艰辛，每一个追求成功的人都不会一帆风顺，坎坷、无奈、寂寞、孤独常常伴随在他身边。在追求的过程中，当这些成为一种切身的感受，成为生活的状态时，成功看似遥遥无期，其实它已在悄悄到来。

因此，拥有感恩之心的员工，即使是在面对失败时，也不会有太多的不良情绪。但那些没有感恩之心的员工，往往会将自身的失败归罪于工作没有给予他更多的机会，总是从客观上找原因。其实，在面对失败与不幸的时候，更应该有感恩之心，因为失败与不幸会带给我们成长道路上不可多得的经验，为下一次成功奠定基础。

曾经有一个普通的女孩，她从小就梦想着站在舞台上唱歌。然而，这个女孩既没有特别漂亮的外貌，也没有天生的好嗓子。但是这并不妨碍她追求自己的梦想。上学期间，她一边努力学习，一边练声，为以后能走上舞台做准备。

在为梦想做准备时，她豪情万丈，踌躇满志。但是有一天，她的梦想受到了打击。在一名著名音乐人的制作室里，一盆冷水向她泼了过来："你的嗓音和你的相貌同样不漂亮，我看你很难在歌坛有所发展。"

听了这话以后，女孩并没有选择离开，反而默默地留了下来。当时，在她所在的音乐公司里，不乏年轻漂亮、天生丽质的帅哥美女，在他们中间，她就是一个被人完全遗忘的丑小鸭。连家人、朋友也好心地劝她放弃，不要一条道走到黑，说不定选择别的行业，会让她更快地成功。面对真心为她考虑的朋友和家人，她轻轻地说："虽然我没有唱歌的天分，但我只喜欢唱歌，我是不会轻易放弃的。"

在亲朋好友的牵挂和祝福中，她又回到了对她来说并没有前途和未来的音乐公司。虽然梦想那么远，成功那么远，但她心中很清楚，自己要做的只能是在心中为梦想寂寞地守候，并把握好现在。于是，她依然像以前那样辛苦地工作着，端茶，倒水，制作演出时间表，替歌手拿演出服装……别人问她为什么，她郑重地说："不为什么，我只知道这里是离我的梦想最近的地方。"

终于有一天，她微笑着站在了自己的舞台上，用并不惊艳但十分温暖的嗓音感动了所有在场的人。很快，她就在歌坛上占据了一席之地。

成功产生在那些有了成功意识的人身上，而失败则源于那些不自觉地让自己产生失败意识的人身上。一个人身处逆境，就要给予自己更多的激励与肯定，学会感恩，不怕失败，相信自己，不断努力。最终，才会走出逆境，获得成功。

可见，把所有的逆境都看成是成功路上的考验应该是我们收获成功的座右铭。人生不可能永远一帆风顺，不利的局面常常将人们的雄心壮志淹没，但是，只要不放弃、永远充满希望的奋斗，往往真的可以成功，这就是感恩逆境的奇迹。

第八章　修炼感恩之心，做一个懂得感恩的人

感恩是一颗火种，拥有一颗感恩的心，我们便拥有了打败消极的力量，用积极的心态重塑一个健康向上、勇往直前的人生。不知感恩的人，注定是个冷漠自私的人。不知关爱别人的人，纵使给他阳光，也不会放射出自身的温暖，更不配得到别人的爱。

1

不懂感恩的人比豺狼还可怕

现代人的痛苦，很大原因是不懂得感恩。他们把所享用的一切都认为理所当然，别人有一点对不起自己的地方就抓住不放。感恩越来越少，怨恨越来越多，人就越来越自私。自私的人不懂感恩，吝啬与别人分享，甚至恩将仇报。

★★★★★

有一位东郭先生，死读书，十分迂腐。一天，东郭先生赶着一头毛驴，背着一口袋书，到一个叫“中山国”的地方去谋求官职。突然，一只带伤的狼窜到他的面前，哀求说：“猎人用箭射中了我，差点要了我的命。求求您把我藏在您的口袋里，将来我会好好报答您的。”东郭先生看到这只受伤的狼很可怜，让狼蜷曲了四肢，装进了放书的口袋中去。不一会儿，猎人追了上来，发现狼不见了，就问东郭先生：“你看见一只狼没有？”东郭先生说：“没看见。”猎人相信了东郭先生的话，朝别的方向追去了。

猎人远去之后，东郭先生把狼放了出来。不料，狼却对东郭先生说：“我饿极了，你就让我吃掉你吧。”说着，狼就张牙舞爪地扑向东郭先生。东郭先生怒斥狼的“忘恩负义”，幸亏这时一位农民扛着锄头路过，把狼打死了。

★★★★★

“中山狼”的忘恩负义、恩将仇报启示我们：一个不懂感恩的人会比豺狼还可怕，注定不会受人欢迎。不知感恩，缺乏感恩心态，会导致一个人的情感变得麻木，对人对事缺乏热情与认真，工作、生活懈怠，渐渐变成冷漠无情的动物。如果一个人的生活中只剩下冷漠，他的生命也将慢慢枯萎，没有朝气，他的人生对于他人、对于社会也没有什么价值。

一个不懂得感恩的人，注定是一个自私自利的人。自私关闭了感恩的门，也关闭了快乐的门。快乐源于一颗感恩的心，感恩让我们心中多了一份难得的满足和宁静。如果总觉得别人欠你的，从来不想别人和社会给你的一切，这种人心里只会产生抱怨，不会产生感恩。

有个小村庄里有位中年邮差，他从刚满20岁起便开始每天往返50公里的路程，日复一日将忧欢悲喜的故事，送到居民的家中。20年一晃而过，人事物几番变迁，唯独从邮局到村庄的这条道路，从过去到现在，始终没有一枝半叶，触目所及，唯有飞扬的尘土罢了。“这样荒凉的路还要走多久呢？”他一想到必须在这无花无树充满尘土的路上，踩着脚踏车度过他的人生时，心中总是有些遗憾。

有一天当他送完信，心事重重准备回去时，刚好经过了一家花店。“对了，就是这个！”他走进花店，买了一把野花的种子。从第二天开始，他带着这些种子撒在往来的路上。就这样，经过一天，两天，一个月，两个月……他始终持续散播着野花种子。没多久，那条已经来回走了20年的荒凉道路，竟开出了许多红、黄各色的小花；夏天开夏天的花，秋天开秋天的花，四季盛开，永不停歇。种子和花香对村庄里的人来说，比邮差一辈子送达的任何一封邮件更令他们开心。在充满花瓣的道路上吹着口哨，踩着脚踏车的邮差，不再是孤独的邮差，也不再是愁苦的邮差了。

幸福犹如香水，你不可能喷向别人而自己却不沾几滴。的确，在生活中，超越狭隘、帮助他人、善意地看待这个世界才会与快乐相伴。对此，罗曼·罗兰说得很精彩:“快乐和幸福不能靠外来的物质和虚荣，而要靠自己内心的高贵和正直。”因此，我们要修炼自己的感恩之心，对生活热爱，对生命敬重和珍视。如果我们能时时用感恩的心来看这个世界，则会觉得这个世界很可爱、很富有。

《圣经》上说:“一生一世，都是恩惠。”我们应该把拥有的一切看成是“上天的恩赐”，懂得感恩。感恩让我们心与心得以交流，让我们拥有朋友和快乐。懂得感恩，才能真正体会生命的意义。

学会感恩，你会像敬重生命那样敬重你的工作。不懂感恩的人，注定无法成为公司重点培养的对象，他们只会成为过客。不懂感恩的人，他们的存在价值会大打折扣。一个贪婪、矫情、缺乏爱心、缺乏责任、缺乏工作热情的人会有前途吗？又有哪一家公司会给这样的人以发展的机会呢？可以说，一个员工不懂得感恩，就不值得老板重用。因此，从今天起，请带着感恩的心去工作。带着感恩的心工作，才会有足够的耐心做好任何事情，让自己离成功越来越近。

2

心怀感恩，学会知足常乐

心怀感恩就是对世间所有人和事物给予自己的帮助和恩赐表示感激，铭记于心。拥有了感恩之心，才会拥有良好的心态，才会懂得满足，才会感到快乐。古往今来，无数典故诠释了这一道理。

一个人知道满足，心里就时常是快乐的、达观的，这有利于身心健康。相反，贪得无厌，不知满足，就会时时感到焦虑不安，甚至是痛苦不堪。快乐、幸福都是建立在知足的基础上的。贪图太多不实际的幻想往往是一件祸事。

有这样一个寓言故事：有个人得到了一张藏宝图，图上指出在密林深处有一处足以让所有人心动的宝藏。这个人立刻准备好了一切旅行用具，甚至不忘带上四个大口袋来装那些“即将到手”的宝物。

一切准备就绪后，他进入那片密林，一路上披荆斩棘、跋山涉水。他先找到了第一份宝藏，在看到那些金子的时候，他被眼前的金光灿烂震撼到了。他马上掏出袋子，把看到的所有金币都装进了口袋。等他离开这个地方的时候，看见门上写着一行字：“知足常乐，适可而止。”

“知足常乐”的警示并没有让这个人警醒，他想：没有一个人能看着这么多金子无动于衷的？于是，他没留下一枚金币，扛着大袋子来到了第二个宝藏处，里面储藏的是堆积如山的金条。这个人依旧把所有的金条放进了袋子，当他拿起最后一条时，上面刻着：“贪心让人步入深渊。”但是一心想发财的他，完全忽视了这个警告，迫不及待地走向了第三个藏宝的地方。

第三个藏宝的地方有一块磐石般大小的钻石。这个人的眼睛马上就亮了，他贪婪地拿起钻石，放入了袋子。等拿到钻石之后，他发现这块钻石下面有一扇小门。他心想：这个门的下面一定有非常多的财宝。于是，他一点也没有犹豫，就打开门跳了下去，谁知，下面并不是金银财宝，而是一片流沙。这个人在流沙中越陷越深，最终与金币、金条和钻石一起长埋在流沙下了。

人生是否快乐，关键看你是否知足。俗话说欲壑难填。人的欲望是无止境的，一种欲望满足了还会有更多的欲望滋生，若欲望太多太高，则永远得不到满足和快乐。如果这个人在看了警示后懂得适可而止，能在跳下去之前多想一想，那么他就会平安地返回，成为一个真正的富翁。不知足的可怕之处，不仅在于摧毁有形的东西，而且能搅乱你的内心世界。你的自尊，你的原则，都可能在贪心面前垮掉。

知足者才能常乐。人有了贪欲就永远不会满足。不满足，就会感到欠缺，高兴不起来。老子在《道德经》中说："祸莫大于不知足。"讲的就是知足常乐的道理。许多人不可谓不聪明，但却由于不知足，贪心过重，为外物所役使，终日奔波于名利场中，每日抑郁沉闷，不懂得人生之乐。

★★★★

弘一法师，俗名李叔同，1880年生于天津官宦富商之家，1942年10月31日圆寂于泉州。他是中国新文化运动的先驱，卓越的艺术家、教育家、思想家、革新家，是中国传统文化与佛教文化相结合的优秀代表，是中国近现代佛教史上最杰出的高僧之一，也是国际上声誉甚高的知名人士。

弘一法师对佛学的贡献，主要体现在他对律宗的研究与弘扬上。弘一法师为振兴律学，不畏艰难，深入研修，潜心戒律，著书说法，实践躬行。他是近代佛教界备受尊敬的律宗大师。但在生活上，弘一法师，淡泊物质，随缘生活。一条毛巾用了十八年，破破烂烂的；一件衣服穿了几载，缝补再缝补。有人劝他："法师，该换新的了。"他却说："还可以穿用，还可以穿用。"

出外行脚，住在小旅馆里，又脏乱、又窄小，臭虫又多，有人建议说："换一间吧！臭虫那么多。"他却说："没有关系，只有几只而已。"

平常吃饭佐菜的只有一碟萝卜干，他还吃得很高兴，有人不忍心地说："法师！太咸了吧！"弘一法师恬淡知足地说："咸有咸的味道。”

弘一法师的言行可谓知足常乐的代表。知足常乐是一种人性的本真。知足是一种处事态度，常乐是一种幽幽释然的情怀。当然，知足常乐，并非沾沾自喜、盲目乐观、矫揉造作、狂放不羁，而是懂得洞察暂时的成功，乐于开拓，为将来取得更大的成功鼓足信心，做好充分的准备。

“人生一世，草木一秋”。若人人都能心怀感恩、知足常乐，世间便少一点横眉冷对，多一点笑脸相迎。这个世界也会充满和谐温馨。知足常乐，在烦躁与喧嚣中会过滤掉压抑与沉闷，沉淀默契与亲善。

3

感恩大自然的恩赐，保护好环境

大自然赋予了人类生命。它赐予人类水、阳光、土地、植物，使人可以生存在浩瀚的天地间。若是没有水，人类将会受到饥渴的威胁；若是没有阳光，植物将无法生长，人也无法生存。大自然给了人类太多的恩赐，但人类却很少感恩大自然。

工作和生活中，很多人并没有学会爱护自然环境，而是一味地破坏自然环境，伤害大自然。比如砍伐树木、捕捉动物，人类做出一系列的举动，都伤害了大自然。大自然已变得满目疮痍。这些破坏环境的举动不仅伤害了自然，也伤害了人类自己。大量捕捉动物，使生态不平衡。向河道排放污水，使水资源污染，而人类喝了污染水，会导致各种疾病。因此，我们要学会感恩大自然，保护环境。保护环境是一个热门的话题，也是一个迫在眉睫的严重问题。

★★★★★

我国的环境问题十分严重。据统计我国内蒙古草原退化已经到了惊人的程度。6359 万公顷可利用草地面积中，目前退化草地面积已达 3867 万公顷，占可利用草原的 60%。素以水草丰美著称的全国重点牧区呼伦贝尔草原和锡林郭勒草原，退化面积分别达 23% 和 41%，鄂尔多斯草原的退化最为严重，面积达 68% 以上。以往沙尘暴基本上是从阿拉善盟和巴彦淖尔盟的沙漠地带发起，今年却东移到乌兰察布盟和锡林郭勒盟，向世人拉响了令人担忧的生态警报：美丽的锡林郭勒草原也已严重沙化。内蒙古乃至世界上最为典型的草甸草原东乌珠穆沁旗，草场退化面积已占全旗可利用草场的 66% 以上。以荒漠草原为代表的阿拉善盟和伊克昭盟，草原退化、沙化之势更为严峻。与 20 世纪 50 年代相比，阿拉善左旗的草地覆盖度降低了 30% 至 50%。目前，荒漠和半荒漠已占到了这个旗草地的 96.9%。

我国古代的黄土高原曾经是美丽富饶的地方，商朝时黄河流域的森林覆盖率曾高达 50% 以上。但是，经过几千年来掠夺式的开发，大自然给予了人类无情的报复。现在，黄土高原的水土流失地区到处是荒山秃岭、沟壑纵横，黄河——中华民族的“母亲河”，竟成为世界上泥沙含量最多的河流。

★★★★★

近几十年来，随着人口的急剧增长和经济的高速发展，人类生产和生活对环境造成的破坏日益严重，出现了空前的环境危机。环境危机包括环境遭到污染，森林、草原和野生动植物等自然资源遭到破坏，以及由此引起的生态环境的恶化。

生态环境的日益破坏使我们的家园遭到了严重的威胁，天空湛蓝如镜，大地绿草如茵，已经快要不复存在了，而人们却又执迷不悟的破坏环境，这种状况实在令人担忧。众所周知，自然环境是人类生存、延续的物质基础。如果我们破坏了环境，等于破坏了我们生存的基本条件。为了我们的生存，为了我们的明天不会上演各种悲剧，我们作为社会成员的一分子，要感恩大自然的恩赐，保护环境。

★★★★★

滇池卫士张正祥，一个对滇池爱到骨髓的普通农民。2009 年感动中国年度人物对他的评语是——他把生命和滇池紧紧地绑在了一起。他走入了在美国播出的国家形象片，成了中国的“形象代表”。

1962 年，14 岁的张正祥回到富善村，在滇池边上打鱼为生。19 岁当上生产队长，他给村民立下规矩，不许在滇池里洗衣，倾倒污染物，不许砍伐山上的树木。张正祥真正走上“保滇”之路是在 20 世纪 80 年代。滇池四面环山，西部和南面的群山紧靠水面，恰在这里蕴藏着丰富的磷矿和石灰石，而且埋藏浅、品位高。1982 年开始，西山出现了很多采石场和矿场。在张正祥的记忆中，当时每天都有很多树木被砍，轰隆隆的机器声晚上都轰鸣不停。“地动山摇的，西山被挖得坑坑洼洼，灰尘漫天飞扬，最多时有四十多个采矿点。著名景点‘睡美人’脖子后挖出了一个大坑，只要再将前面一个山丘挖掉，‘睡美人’就要成‘无头鬼’了。”看着郁郁葱葱的西山逐渐变成濯濯童山，张正祥只能干着急。更可气的是，这些采石场往往是一查就关，一走又开。他实在憋不住了，卖了自家的养猪场，再次住到西山上当了护林志愿者。附近的村民常见他骑着辆破自行车东奔西跑，渴了就喝一口山沟里的水。30 年间，他为保护环境奉献了自己的一切，最终获得了大家的尊重和理解。

★★★★★

当我们享受大自然的每一刻时，又是否想过，感恩就是回报。我们享用了大自然的盛宴，爱护它们难道不是我们的职责吗？

我们应当爱护自然环境。良好的环境是我们赖以生存的根本。环境是社会文明和进步的重要标志，营造优美的环境是我们共同的需求。我们要学会对自然感恩，珍惜大自然的产物。我们在日常生活中要创造美好的自然环境，停止捕捉野生动物的行为，重新恢复生态平衡。不浪费粮食，节约水资源。这些行动就是对大自然最好的感恩。

让我们满怀着一颗感恩的心重新看待生活，从我做起，保护环境，热爱大自然吧！

4

感恩祖国，时刻把祖国放在心里

古今中外，人们都把自己的祖国比作母亲，对她怀有极其深厚的感情，英文中的“祖国”的单词是“motherland”，字面含义就是“母亲之国”；对“母亲之国”的热爱，是人类共同的情感。因此，感恩祖国是一种社会价值，更是一种真实的情感。我国运动员获得世界冠军，五星红旗冉冉升起时，往往会泪流满面。此时，国家不再是一个简单的符号，感恩祖国也不再是干巴巴的道理，其澎湃的情感蕴含着丰富的内容，激荡着每一个人的心田。

对于一个人来说，祖国首先代表地球上的一个地方，那个地方的一切，高山大海、原野河流，地下矿藏、地上鸟兽都和自己息息相关，都深深地刻印在自己生命的轨迹之中。爱祖国，爱的就是这一条条大河、一座座高山；祖国代表着一个人群，一个有着和自己血肉相连、处处相依的团体。爱祖国，就是爱自己的兄弟姐妹和亲戚朋友，爱我们共同的祖先和共同创造的历史；祖国代表一种文化，国家与民族相连，每个民族都有自己的文化。爱祖国不仅要了解民族的语言习惯、服饰、饮食、风俗习惯，更重要的是要认同民族的传统价值观念、思维方式和行为准则。

茅以升是我国著名的土木工程学家、桥梁专家、工程教育家，中国科学院院士，美国工程院院士。

1916 年，茅以升从交通部唐山工业专门学校毕业后，被清华学堂官费保送赴美留学。1917 年获美国康奈尔大学桥梁专业硕士学位，并荣获康奈尔大学优秀研究生“斐蒂士”金质研究奖章。1921 年获美国卡内基·梅隆大学大学工学院工学博士学位。其博士论文《桥梁桁架的次应力》的科学创见，被称为“茅氏定律”。人们纷纷向他投来尊敬、赞美的目光，一份份诱人的聘书也向他飞来。有人劝他留在美国，说科学没有国界。但茅以升却斩钉截铁地回答:“不！纵然科学没有祖国，科学家却是有祖国的！我是中国人，我的祖国更需要我!”他毅然踏上了回国的征途。

1934—1937 年，茅以升任钱塘江桥工程处处长，主持修建我国第一座公路铁路兼用的现代化大桥——“钱塘江大桥”。他采用“射水法”“沉箱法”“浮运法”等，解决了建桥中的一个个技术难题。经过 5 年的努力，茅以升终于将现代化的钱塘江大桥建成，成为中国铁路桥梁史上的一座里程碑。1955—1957 年，他又参与设计了武汉长江大桥。为祖国的桥梁建设做出了重要贡献。

感恩祖国体现了对祖国的深厚感情。感恩祖国是一份情感，是一份血浓于水的热情与爱恋。爱祖国，就是对这块土地的眷恋，对同胞的不舍之情，对精神母亲的依恋。爱祖国是一种人生价值准则。它强调祖国的利益高于一切，倡导一种报效祖国、为国家为社会献身的精神。爱祖国不是抽象的，而是具体的。祖国的大好河山，自己的骨肉同胞，民族的灿烂文化，是同具体的国家相联系的。我们每个人的发展都是同国家的发展和进步紧密联系在一起的，爱祖国就要心系国家的前途和命运，就要把国家和人民的利益摆在首位，为祖国的独立和富强，为人民的解放和幸福贡献力量。

伟大的人生目标往往产生于对祖国深沉的爱。一个人对祖国爱得越深，历史责任感就越强烈，人生目标就越明确，人生信念就越坚定。古往今来，彪炳中华民族史册的，无一不是忠诚的爱国者。他们之所以能成就一番事业，使自己的人生有价值、有意义，根本原因在于对自己的祖国和人民有一颗滚烫的赤子之心。

钱学森是我国功勋卓越的科学家，也是心系祖国母亲的赤子。1934 年，钱学森考取清华大学公费留学生，1935 年 9 月进入美国麻省理工学院航空系学习，1936 年 9 月转入美国加州理工学院航空系，成为世界著名航天工程学家冯·卡门的学生，并很快成为冯·卡门最得意的弟子。先后获航空工程硕士学位和航空、数学博士学位。1938—1955 年，钱学森在美国从事空气动力学、固体力学和火箭、导弹等领域研究，并与导师共同完成高速空气动力学问题研究课题和建立“卡门－钱学森公式”，在 28 岁时就成为世界知名的空气动力学家。

新中国成立后，他毅然抛弃国外优越的生活与工作条件，历尽千难万险，回归祖国的怀抱，投身到祖国的建设中。为中国导弹、原子弹的发射立下了汗马功劳，被评为“两弹一星”的功臣，受到国家的表彰。在荣誉面前，他是这样说的：“说是表彰我对中国火箭导弹技术、航天技术和系统工程论方面所做的一切工作。我想这里面‘中国’两个字是最重要的。”

★★★★★

感恩祖国就是不忘祖国、热爱祖国。爱国体现了每一个中华儿女对祖国的责任，这种责任是社会发展的客观要求，也是每个人自身发展的客观需要。一个人能够成为什么样的人，应该成为什么样的人，在很大程度上要依赖于社会，依赖于生于斯、长于斯的祖国。祖国给个人的成长发展创造条件，对个人的奋斗成果作出评价，为个人实现人生价值的征程指明方向。

爱国要求人们始终坚持如下认识：一是每个人都对自己的祖国负有责任和义务。真正的爱国者为了祖国，可以抛弃自己的一切，包括荣誉、事业、优越的工作条件和生活待遇等。二是祖国的前途命运决定个人的前途命运，祖国的强弱，决定了个人的地位和尊严。我们每个人都生活在社会之中，都是祖国大家庭中的一名成员。每个人的进步和发展都是同祖国的进步和发展紧密联系在一起的，每个人的利益都是同祖国的利益紧密联系在一起的。所以，我们每个人都必须树立祖国高于一切的观念，把爱国作为自己神圣的义务。

5

感恩社会，奉献社会

感恩从来不需要冠冕堂皇的装饰，不论贫富，都有自己感恩社会的方式。医生救死扶伤，警察维护法纪，老师培育英才，学生努力学习……把对社会的感激升华为对国家的贡献，为构建和谐社会贡献绵薄之力，人人为我，我为人人，这就是感恩社会。

感恩社会，切忌好高骛远，不切实际，夸夸其谈，不做实事。要从自己做起，从生活的点滴做起。时时刻刻去关心身边的人，关心自己的家人。即使一次真诚问候，一次打扫卫生，一次雪中送炭，一次指点迷津，也都是实实在在的感恩。

★★★★★

罗经顺是一个热心参与社会各项公益活动，乐于奉献的人。2009 年，经镇有关部门批准，在社区协助下，罗经顺把一块本是杂草丛生、垃圾成堆的空地建成了一座休闲娱乐的活动场所。建设这块绿地所需的 10 万多元资金是罗经顺和他的同伴们经过几番努力，克服种种困难筹集而得。如今的社区居民身居其中，享受文体活动的快乐，不亦乐乎！

2011 年，罗经顺又和几位居民代表协助社区再次挨家挨户集资 7 万多元，把幼儿园边上的一块三角地建成了健身活动场所。过去，这块荒地又脏又臭，倒满生活和建筑垃圾，给周边居民群众的生活带来诸多不便，并且严重影响居民的身体健康。罗经顺又一次站了出来，自发成立了服务小组，团结居民，义无反顾，把这块荒地变成一处休闲健身的好去处。在这两次集资中，罗经顺慷慨解囊共出资 2000 多元。为了保持活动场所的卫生，罗经顺每天早早起来修剪花草，打扫清洁卫生，让温馨的气息、祥和的气氛弥漫在这块绿地上。

这就是罗经顺，一个值得我们敬仰的好人。

★★★★★

无论我们做什么工作，处于什么职位，只要在感恩的精神里，我们便能体味到成功的喜悦和生命的真谛。一棵大树因为接受了甘甜的雨露而结出甜美的果实；一朵鲜花因为接受了温暖的阳光而开出了绚丽的色彩。这就是感恩，这就是奉献。

感恩意味着奉献。我国一位科学家在荣获国家最高科学技术奖时说："为了心中的梦想，数年我没有休息过节假日。对我来说，科研本身带来的愉快是最大的报酬，科学奉献祖国是最大的幸福。"奉献就在人间，感恩就在身边。让我们在感恩中生活，在生活中奉献吧！

奉献是一种爱的体现，它充满了人性的光辉，闪烁着爱的光芒。它不论大小，不分你我。奉献是一种精神。奉献不是用嘴说的，它需要付诸行动。奉献是一种境界。把奉献当作人生追求的一种境界时，我们就会在工作上少一些计较，多一些奉献；少一些抱怨，多一些责任；少一些懒惰，多一些上进。

奉献是平凡的。在有些人的心目中，奉献是英雄和模范们的事，不是普通人所能做到的。奉献就是牺牲，高不可攀，可敬不可为，可羡不可行，这是对奉献的一种误解。奉献既是一种高尚的情操，也是一种平凡的精神；既包含着崇高的境界，也蕴含着不同的层次。奉献既表现在国家和人民需要的关键时刻挺身而出，慷慨赴义，也融会和渗透在日常的工作和生活中。

★★★★★

家住天津市杭州道文安里社区的钱玉珍，是一名社区志愿者。从事了一辈子教育工作的钱玉珍，对孩子有一种与生俱来的爱。她虽然退休在家，心却一直与孩子们在一起，为方便与孩子们的交流，她腾出自己的一套住房，创办"家庭学堂"。

在日常学习中，钱玉珍向孩子们讲述历史，并以身作则为孩子们树榜样。钱玉珍所在的文安里小区，经常出现一些居民随手乱扔垃圾的现象。钱玉珍想，这些不良行为既破坏了环境，又对孩子产生不良影响。于是，她带着小孙女主动收捡小区绿地中的垃圾。祖孙两人的行动感召着更多的人，寒暑假和节日放假，小区内的20多名中、小学生在钱玉珍的带领下成立了"绿色环保小卫士”分队。小分队的孩子最大的12岁，最小的才3岁。他们在小区捡垃圾，定期为小区的花草树木浇水，小区的环境卫生变得更加干净整洁。

2004年，文安里社区成立了“未成年人德育校外课堂”，钱玉珍被聘为校外课堂辅导员。她经常带领社区未成年人为孤老户打扫卫生、表演节目，帮助老人采购食品；她还利用兴趣绘画小组学生的特长，举办了环保绘画作品展览。

钱玉珍的“家庭学堂”知名度越来越高，吸引了越来越多的青少年，很多其他小区的孩子们也慕名而来，原来只有15名固定学生的“小课堂”发展成为百余人的“大课堂”，他们定期在这里学科技、讲法律、说公德。很多学生家长放心地把孩子放在这里，他们都亲切地称钱玉珍老师为“钱奶奶”。几年下来，“家庭学堂”的孩子换了一批又一批，当年的孩子现在有的已经念了初中，可在“家庭学堂”受到的教育却使他们一生受用，他们现在还经常回来看看曾经带给他们欢乐、受过教育的成长园地和他们的钱奶奶。

★★★★★

感恩社会、乐于奉献是一种朴实的中国传统美德。感恩的心让我们永远处于一种知足常乐、奋发向上的精神状态当中。奉献使人充实，使人快乐，使人高尚。

爱因斯坦曾充满愧疚地说:“我无时无刻不感到自己亏欠社会，亏欠大自然的太多太多了，所以我想方设法去弥补我欠下的，可我所能弥补的实在是少之又少。”连如此伟大的科学家尚且如此，更何况我们每一个普通人呢？在工作中奉献无所不在，无时不有。每个人不论职位高低，不论在什么岗位，都能够尽自己的所能做出奉献。奉献不是痛苦，不是丧失，不是剥夺，而是爱心的流露，善意的升华，美德的弘扬。

第九章　回报恩情，成功就在感恩中降临

机会给了有准备的人，成功更多的是给了懂得感恩的人。无论做什么工作，一定要培养心存感激的习惯，这是提升自我的力量源泉。感恩让我们渐渐地在平淡的日子里发现生活的丰富和多彩；感恩让我们领悟和品味命运的馈赠与生命的跌宕；感恩让我们明白自己拥有的一切原来如此美好。

1

滴水之恩当以涌泉相报

感恩，是一个人对自己与他人和社会的关系产生正确的认识；报恩，则是在这种正确认识之下产生的一种责任感。俗话说："滴水之恩，当涌泉相报。"知恩图报是我们中华民族的传统美德。

"结草衔环"这个成语是由"结草"和"衔环"两个典故结合而来的，讲述的是关于感恩的故事。

"结草"讲述的是春秋时期，晋国大夫魏武子有一个妾，十分受宠爱，但却没有生育子女。魏武子在生病时，曾嘱咐他的儿子魏颗，在他死后，把没有生过儿子的妾都嫁出去。后来魏武子病重了，他又告诉魏颗，在自己死后让他这个妾陪葬。魏武子死了以后，魏颗觉得父亲病危时的语言可能是神志不清时的胡言乱语，便依照他以前的吩咐把魏武子的爱妾全嫁了出去。后来，秦国攻伐晋国，魏颗也参加了战斗，敌将是秦国的力士杜回。当魏颗和杜回二人厮杀在一起，正在难分难解之际，发现一个老人，迎着杜回的去路，将地上长得又高又密的草，结成一个个的索子，把杜回的车马绊倒。结果杜回被晋军擒获，使魏颗大获全功。夜里，魏颗梦见那位老人，他说道："我就是您嫁出去的那个姬妾的父亲，今天是特地来报答您救我女儿性命的恩德的！”

“衔环”讲述的是杨震父亲杨宝的故事。杨宝九岁时，在华阴山北，见一黄雀被老鹰所伤，坠落在树下，为蝼蚁所困。杨宝十分怜惜这只小黄雀，便将它捡回家中，放在箱笼里，采来黄花精心喂养它。过了一百多天，小黄雀的伤疮愈后便飞走了。当夜，有一黄衣童子向杨宝拜谢说：“我是西王母的使者，你救了我，我很感谢你。”并以白环四枚赠与杨宝，说：“它可保佑你的子孙位列三公，为政清廉，处世行事像这玉环一样洁白无瑕。”后来，果真如黄衣童子所言，杨宝的儿子杨震、孙子杨秉、曾孙杨赐、玄孙杨彪四代官职都官至太尉，而且都刚正不阿，为政清廉，他们的美德为后人所传诵，这个“衔环”的故事也流传开来。

这两个故事虽然看起来很荒诞，但它们都讲述了同样一个主题，那就是中华民族自古以来就提倡的知恩图报。感恩是一种积极的心态，更是一种向上的力量。做一个不忘恩惠的人，是一个人最起码的道德素养，这种素养有助于我们形成完整的人格，有助于使我们成为于人于己、于家庭于社会都有用的人。

人生在世，当你得到他人的帮助时，你应该心怀感恩，并向帮助你的人致以诚挚的谢意。施恩者是对爱的传播，感恩者是对爱的回报。“一粥一饭，当思来之不易；半丝半缕，恒念物力维艰。”鸦有反哺之义，羊有跪乳之恩。蜜蜂采花而去，嗡嗡地一番表白，这是感恩；葵花向着太阳，注视着天空，这也是感恩。

洪战辉，1982 年出生于河南省周口市西华县，先后就读于怀化学院（专科）、中南大学。从 12 岁起，他就担当起照顾妹妹和父亲的重任，为求学和照顾家人，一直打零工维持学业和生计。

2005 年被评为“感动中国”十大人物，2006 年被评为“全国十大杰出青年”。

1994 年，洪战辉的父亲突发间歇性精神病，造成妻子受伤骨折，女儿意外死亡，家里欠下巨债。随后，父亲又捡来了一个和女儿年龄相仿的女婴。1995 年面对沉重的家庭负担和父亲的毒打，母亲离家出走了。年仅 13 岁的洪战辉，默默地挑起了伺候患病父亲、照顾年幼弟弟、抚养捡来妹妹的家庭重担。这副重担，对于成年人来说尚且不易，何况一个 10 多岁的孩子！但洪战辉没有退缩，一挑就是 12 年。为了挣钱养家，他像大人一样，做小生意、打零工、拾荒、种地。他利用课余时间卖笔、书、磁带、鞋袜，在学校附近的餐馆做杂工，周末赶回家浇灌八亩麦地。在兼顾学业和谋生之时，他牺牲了几乎所有的休息时间。为了带好捡来的妹妹，洪战辉费尽心血。每天晚上，他都让妹妹睡在内侧，以防父亲突然发病伤及妹妹。妹妹经常尿湿床单、被子，他就睡在尿湿的地方，用体温把湿处暖干。从高中到大学，他将妹妹一直带在身边，每天都保证妹妹有一瓶牛奶和一个鸡蛋，自己却常常啃方便面。在怀化念大学的日子里，他安排妹妹上了小学，每天不管学习多忙，都坚持接送妹妹，辅导妹妹功课。为了治好父亲的病，洪战辉吃尽苦头。

2002 年 10 月，父亲突然发病，因为没有钱，他不得不在一家精神病医院门前跪求治疗，在他孝心的感染下，2005 年年底河南第二荣康医院主动将他父亲接去诊治。2006 年，父亲的病情已明显好转，出走的母亲、打工的弟弟也相继回家，一家人终于重新团聚。

2006 年以来，已成为公众人物的洪战辉，又将爱洒向了社会。为资助贫困学生，他在学校和政府的帮助下建立了教育助学责任基金。为推动青少年思想教育，他应邀在全国各地作了 150 多场励志报告。他还多次到湖南、河南等地贫困山区与困难学生交流，捐赠学习用品。他说："我要力所能及地帮助需要帮助的人。"

洪战辉真正践行了"滴水之恩当涌泉相报"的道理。人的一生中，小而言之，从小时候起，就领受了父母的养育之恩；等到上学，有老师的教育之恩；工作以后，又有领导、同事的关怀、帮助之恩；年纪大了之后，又免不了要接受晚辈的赡养、照顾之恩。大而言之，作为一个社会成员，我们都生活在一个多层次的社会大环境之中，都首先从这个大环境里获得了一定的生存条件和发展机会，也就是说，社会这个大环境是有恩于我们每个人的。

感恩的方式有很多种，但对于员工来说，首先就是感恩工作。我们怀着感恩的心态去工作，不仅是因为知恩图报是美德，更因为我们在感恩的同时也在传播着一颗仁爱的心。

公司需要懂得感恩的员工，会做事不如会做人，会做人不如会感恩，会感恩的人是最好用的人。一个企业如果形成了这样的文化氛围，这个企业一定会有活力、有生机、有凝聚力、有旺盛的生命力。我们从参加工作的第一天起，就要培养自己感恩公司的意识，公司为我们提供了工作、学习、生存的环境，岂有不感恩之理？从人生观来看，工作是人生的一种享受，人生最大的幸福莫过于找到自己倾心相爱的工作。公司为我们提供了施展才华的平台，我们带着感恩的心，努力地干出成绩，它会让我们感受创造的欢乐，一种体现自身价值的畅快，也同时以优秀的业绩回报了公司对我们的信任和栽培。

李骏是新中国培养的第一代汽车发动机博士。1989 年李骏完成博士学业，主动要求到一汽工作。一汽的技术中心虽然是国内汽车行业中的一流研究所，但发动机基础技术研究却很薄弱，如果基础研究跟不上应用技术的开发，那么失去的不仅是一汽产品的后劲，而是中国汽车工业的未来。

于是，李骏义无反顾地选择了基础研究，一干就是10年。他到技术中心的第一件事就是建立发动机单缸机试验室。为了使试验室早日建成，他有时光着膀子和工人在燥热的工作现场连续工作十几个小时，经常被喷得满身机油。有人对他说："你是技术中心唯一的博士，用得着这么干吗？"李骏说："为了加快进度，只能这样干。"

有一年春节，大年三十的下午，其他办公室、试验室的人都回家了，李骏还在机器轰鸣的现场忙碌着。中心领导在巡视检查时看到满身油污的李骏，心疼地说："平时加班我不说你，今天可是过年啊！"李骏这才想起妻子让他今天早点儿回家的嘱咐。就是在这样的工作激情下，经过一年多的艰苦努力，仅花了十几万元，李骏就建成了国内最先进的发动机单缸机试验室，节约资金100多万元。

1999年春，李骏担起了某发动机项目研发技术总负责人的重任。在30个月的时间里，李骏争分夺秒地奔波于国内国外，既要负责项目的评审，又要掌握整个工程的节点。他经常说的两个字是"抢""挤"。"抢"就是要把汽车工业落后的时间抢回来，"挤"就是要把国外的好经验像"挤牙膏"一样挤出来。四年后，具有中国自主知识产权、技术达到国际先进水平的310马力柴油机正式投产。

一个懂得感恩的员工应该具备的基本要素是：始终把企业的利益摆在第一位，不轻视自己的工作，做事积极主动，不找理由推卸责任，对工作敬业负责，对企业忠诚坚贞，与企业共进退。我们对公司的感恩，不是指世俗的那些直接给予的物质回报，而是兢兢业业、脚踏实地的工作，干一行、爱一行、专一行，力争在本职工作岗位上干出骄人的成绩。同时，要遵守国家的法律，遵守企业的规章制度，搞好和周围同事之间的团结，做到谦和、谦虚、谦让，也就是古人所说的要当一个谦谦君子。一句话，我们对公司的感恩主要是通过自己优秀的业绩和优秀的道德素养来表现。

用一颗感恩的心去回报工作，你会发现，其实工作并没有想象中的那么辛苦，老板也没有想象中那么苛刻，从工作中获得的回报远比想象中的要丰富得多。

2

回报朋友的理解和支持，赢得更多朋友

生活中，我们不能缺少朋友，多结交一个朋友就多一条路。在你最困难的时候，往往是你的朋友帮助了你；离开了朋友，你很可能就会陷入无助之中。友情是伟大的，可以给我们无穷的能量，帮助我们成长。所以，人生在世，拥有朋友的人是幸福的，我们应当对朋友的关怀、支持、援助心怀感恩。因为是朋友，让我们感到了人世间的友情。

★★★★★

“二战”时期，英国一个村庄的学校遭到了轰炸，一个名叫瑞丽的小女孩受了重伤，必须及时输血，否则性命难保。负责抢救的医生到处寻找和瑞丽血型相同的人，可是找了很久都没有找到。此时，小女孩已经因失血过多奄奄一息了。

与瑞丽一起的还有几个没有受伤的孩子，他们在瑞丽身旁，惊恐地看着即将死去的瑞丽。突然，一个小男孩举起了手，小声地说："我愿意为她输血。"实在别无他法的医生抱着试一试的想法，迅速给小男孩验了血型，结果两个孩子的血型正好相符。

小男孩静静地躺在床上，血缓缓地流进了瑞丽的身体。小男孩十分紧张，恐惧地看着身旁渐渐恢复生机的瑞丽。后来，他实在忍不住了，终于发出一声细微的呻吟，声音很小。医生抚摸着他的头，轻声地安慰他，可他还是非常害怕，浑身都在发抖。

旁边的一个护士耳朵很灵敏，猜到了小男孩的担忧。原来，小男孩轻轻地呻吟了一句："我会不会死去？"

医生听护士讲完后，不解地问小男孩："那你为什么还愿意给她输血呢？"小男孩仍是小声地说："因为她是我最好的朋友！"

顿时，医生和所有在场的人都愣在了那里，眼眶湿润了。

★★★★★

这是一个让人感动的故事。小男孩认为自己一旦被抽血就会死亡，可他最终还是举起了手，因为小女孩是他最好的朋友，他愿意用自己的生命去帮助她。我们应该怀着一颗感恩之心去对待自己的朋友。在工作和生活中，我们要特别感谢朋友在我们危难之中伸出双手，那双手不仅带给了我们帮助，还带给了我们浓浓的幸福和温暖。真正的朋友是什么？不是在你风光无限时为你举杯庆祝的人，而是那些在你身陷困境时向你伸出双手的人。

我们一生中可以遇到很多这样的朋友，他们就像一根拐杖，在我们跌倒时总会第一时间出现在我们身边，当我们失意、痛苦、受挫、无助时，他们总是坚定地站在我们的身后，用同样柔弱的肩膀与我们一起承担，哪怕我们已经穷困潦倒，他们依然会送上安慰、体贴、关怀和抚慰的话语。这样的朋友虽然不会说什么甜言蜜语，但有他们在身边，我们会感到十分踏实；这样的朋友虽然没有万贯家财，但他们的关心却是世界上最珍贵的礼物。

一天晚上，小刘突然感到不适，被送进医院，结果诊断他患上了一种严重的疾病，需要马上实施手术。小刘不得不停止一切工作，住进了医院的病房。当时，他因为刚换工作，手里没有多少钱，如果要做手术的话，他那点儿钱是根本不够的。这可怎么办呢？躺在病床上的小刘急得像热锅上的蚂蚁。他也想到跟朋友开口，可这不是他的风格。这么多年来，他没有向朋友借过钱。此时，正好一个远在外地的朋友来医院看望他。

这个人问小刘需不需要钱，小刘以为他只是客气一下，于是就随口地说了句："不用啦。"朋友走时，又问了一遍："真缺钱的话，说一声啊！"小刘也只是轻轻地点了下头。

过了几天，他忽然收到朋友汇来的一笔钱，原来那个朋友悄悄向医院询问了小刘的情况，知道小刘还缺手术费。小刘知道这一切后，眼泪不禁夺眶而出，他为朋友的真心帮助而感动。

感恩朋友、善待朋友，就是给自己架设了一座通往未来的桥梁，同时也为自己构筑了一个幸福的舞台。现代社会，形势瞬息万变，下一分钟你将会遇到什么事情真是难说。当生病、挫折、失恋、失业等不幸的情况来临时，倘若在你的身边有着能向你伸出援手、对你给予温暖鼓励的伙伴，此时，你的心里该是何等的踏实！

感恩朋友，因为他可能在我们人生道路上的关键之处起到助推作用。即使并非如此，朋友的言行也是我们的一面镜子，可以暴露我们的缺点，让我们清楚地认识自己，反省自己。

维克多从父亲的手中接过了一家食品店，这是一家古老的食品店，很早以前就存在而且已出了名。维克多希望它在自己的手中能够发展壮大。

一天晚上，维克多在店里工作，第二天他将和妻子一起去度假。他准备早早地关上店门，以便做好准备。突然，他看到店门外站着一个年轻人，面黄肌瘦、衣服褴褛、双眼深陷，典型的一个流浪汉。

维克多是个热心肠的人。他走了出去，对那个年轻人说道："小伙子，有什么需要帮忙的吗？"

年轻人略带点腼腆地问道："这里是维克多食品店吗？"他说话时口音带着浓重的墨西哥味。"是的。"维克多说。

年轻人更加腼腆了，低着头，小声地说道："我是从墨西哥来找工作的，可是整整两个月了，我仍然没有找到一份合适的工作。我父亲年轻时也来过美国，他告诉我他在你的店里买过东西，喏，就是这顶帽子。"

维克多看见小伙子的头上果然戴着一顶十分破旧的帽子，那个被污渍弄得模模糊糊的"V"字形符号正是他店里的标记。"我现在没有钱回家了，也好久没有吃过一顿饱饭了。我想……"年轻人继续说道。

维克多知道了眼前站着的人只不过是多年前一个顾客的儿子，但是，他觉得应该帮助这个小伙子。于是，他把小伙子请进店内，好好地让他饱餐了一顿，并且还给了他一笔路费，让他回国。

不久，维克多便将此事淡忘了。过了十几年，维克多的食品店越来越兴旺，在美国开了许多家分店，于是他决定向海外扩展。可是由于他在海外没有根基，要想从头发展也是很困难的，为此维克多一直犹豫不决。

正在这时，他突然收到一封从墨西哥寄来的信，原来正是多年前他曾经帮助过的那个流浪青年。

此时那个年轻人已经成了墨西哥一家大公司的总经理，他在信中邀请维克多来墨西哥发展，与他共创事业。维克多喜出望外，有了那位年轻人的帮助，维克多很快在墨西哥开设了他的连锁店，而且发展得异常迅速。

★★★★★

感恩朋友才能赢得更多朋友。俗话说："在家靠父母，出门靠朋友。"多一个朋友多一条路，少一个朋友添一堵墙。在人生道路上，我们需要朋友。对待朋友，我们要时刻感激，感激他们能够一路相伴，为我们赶走了寂寞，带来了欢笑；对待朋友，我们要学会宽容和理解，没有人是你肚子里的蛔虫，别人当然不会明了你到底在想些什么，当你觉得对方误解了你的意思，疏远了和你的关系，你不应该愤怒地去责难，而是应该尽力温暖他的心。当你能够时刻用一颗感恩的心来面对别人时，你的朋友也会越来越多；当你的朋友越来越多的时候，你离成功也就越来越近。

3

感激领导的重视和培养，回报更多的忠心

每一位员工都应对自己的领导心存感恩，因为他们给予了你工作的岗位，是他们为你提供了衣食住行的经济来源，也是他们为你创造了一个实现自我价值的平台。一旦你心怀感恩，那么你体会到的不单是心灵的宁静，生活还会给予你更多的回报。

★★★★★

在日本，有一位推销界的神话人物，他的名字叫原一平，被人们称为“推销之神”。

他的一生充满传奇。从被乡里公认为无可救药的小太保，到最后成为日本保险业连续15年全国业绩第一的“推销之神”，最穷的时候，他连坐公车的钱都没有，可是最后，他终于凭借自己的毅力，成就了自己的事业。有人问他是如何取得这样非凡的成绩的，他说了这样一段话：“我的成功，除了刻苦奋斗之外，就是感恩，我非常感谢董事长的知遇和栽培。如果没有他为我指点迷津，或许我现在仍然只是一名普通的推销员。为了他，我也要不断地努力，只有做出成绩才是对他最大的回报。”由于原一平总是对公司领导怀着感恩之心，处处为公司利益着想，为客户提供无微不至的服务，从而提升了自己的工作能力，终于登上了事业的高峰。

★★★★★

每个人要想成就一番事业，都不可缺少一种动力，而这种动力最有效的来源就是感恩。如果我们能够在职业生涯上刚刚迈出脚步的时候，就遇到一位“伯乐”领导，那是一件多么幸运的事情啊！领导的赏识和信任，会使我们受益终身。同样，面对领导的知遇之恩我们更应感恩终身。

在我们的职场生涯中，能遇到一位能够重用我们的领导是我们的幸运，我们应该感谢这样的领导。对于一个员工来说，领导的重用能使自己的成长如虎添翼，只有受到领导的重用，才有发挥自己才能的平台，否则只能是备受怀才不遇之苦。

★★★★★

在一次应聘中，有位小伙子以绝对优势被一家公司录用为销售业务员。然而，几个月过去了，他却没干出什么名堂，而他的同事，个个都干出了成绩。他实在忍受不了这种痛苦，在总经理办公室，递上辞呈，他惭愧地说，可能自己不适合这份工作。

老总平静地说：“就这样走了，以失败者的身份离开？你真的甘心？”年轻人沉默不语。“安心工作吧，我会给你足够的时间，直到你成功为止。到那时，你再要走我不留你。”老总的宽容让年轻人很感动。

一年过去了，年轻人又走进了老总的办公室。不过，这一次他是微笑着走进去的，他已经连续七个月在公司销售排行榜中位居榜首，成了当之无愧的业务骨干。他想知道，当初老总为什么会将一个毫无业绩之人继续留用呢？“因为，我比你更不甘心。”老总的回答完全出乎年轻人的预料。

年轻人大惑不解，老总解释道：“记得当初招聘时，公司收下200多份应聘材料，我面试了30多人，最后却只录用了你一个。如果接受你的辞职，我无疑是非常失败的。我深信，既然你能在应聘时得到我的认可，也一样有能力在工作中得到客户的认可。我相信自己的眼光。”

★★★★★

当你对领导心存感激时，一定要及时感恩，机遇往往都青睐于那些知恩图报的人。

每天工作之前，你可以想一想自己在公司的所得，能力在这里提升、利益从这里获取，就连最常见的工作设备，如电脑、纸张也都是公司和领导提供的，只要你稍加关注，你就会发觉身边有很多事物值得你去感恩。

很多员工都将自己同领导对立起来，实际上，每一个公司的员工和领导都是共赢关系，他们在情感上也存有一份友情与亲情，所以，别忘记感恩自己的领导。

★★★★★

原IBM中国公司华南分公司总经理、微软（中国）公司总经理和TCL信息产业（集团）有限公司总经理吴士宏是一个被很多人崇拜的人，她的传奇经历让很多人感慨不已。

她从一个名不见经传的医院小护士成长为国际跨国企业的著名职业经理人，从一个普通的员工成为风光一时的高级白领和新闻热点人物。对于这样传奇的经历，很多人感慨不已。为什么吴士宏能够成就这个传奇呢？原因就是她幸运地遇到了能够重视和培养她的领导。领导的慧眼识珠、大胆重用，使得吴士宏成为商界的传奇。

对于领导的这份知遇之恩，吴士宏一直铭记在心。在 IBM 的最初几年里，吴士宏做的都是打杂的工作。然而，她并没有因此而有丝毫懈怠，无论多么辛苦，她总是尽力把每一件事做好。

对于吴士宏的努力，IBM 公司的全体人员都看在眼里，公司高层认为，这位中国女士可以被委以重任。就这样，公司最终决定让吴士宏担任中国公司华南地区的销售总监，从此为吴士宏充满传奇的职场生涯拉开了序幕。IBM 之所以这样做，其实是因为它一直以来的管理策略就是大力重用有发展前途的员工，然后把他们安排在最能体现他们能力的工作岗位上。对此，吴士宏感慨颇深："我在 IBM 的那几年学到了很多东西，如果不是我的经理发现我、培养我，我恐怕是没有机会获得机会并且走向成功的。"

是的，正像吴士宏所说，是领导的重视和培养使我们少走了许多弯路，是领导的重视和培养使我们的眼界变得更加开阔，是领导的重视和培养使我们增强了自信和能力。为此，我们唯有对领导深怀感恩，才能无愧于心。我们要感谢领导的栽培、感谢领导的雅量，甚至是领导的训斥，是他们给了我们翱翔蓝天的自由。我们应该用自己的实际行动来报答他们，我们要把自己看成是和公司共进退的一员，忠于工作，为领导着想，主动完成领导交给的任务。这样，你也会因自己的感恩而收获成功。

4

感谢同事的相依相伴，成为最好的伙伴

当今社会是一个讲究团队合作的社会，要想在这个社会上立于不败之地，我们就要相信团队的力量，重视同事的支持和帮助。能与同事们一起工作，是我们一生中最幸福的事，我们应该为此感到快乐，懂得感恩。

我们要学会感谢同事的每一句鼓励和忠告，不忘同事给予的帮助和支持。成功之道，当是秉持感恩之心，感谢同事的相依相伴，走合作共赢之路。

史蒂文不仅拥有出色的学历，而且在工作上也做出了很多成绩，他是公司辛勤工作的典范。他总是恪尽职守，专注手头的工作，老板对他所做的工作评价也很高。按照他的才能，他早就应该晋升到更高职位了，可他现在依然在原地不动。即使是最重要的主管职位似乎也不需要他那么多年的学习经历，不需要他10年来兢兢业业的工作，也不需要他为了追求一个能够充分发挥才干的职位而倾注的耐心。史蒂文不明白，为什么那些能力比他差的人都得到晋升，而他的职位却一直很低，连私人办公室都没有。造成这种状况的一个很重要的原因是：史蒂文不喜欢与人合作。他只是埋头自己的工作，不喜欢和大家交流。如果团队其他成员

需要他的协助，他不是拒绝就是很不情愿地参与。有时他宁可事事亲历亲为，也不向同事请求帮助。这样的孤军奋战，怎能成功。

★★★★★

一个公司的员工，如果仗着自己比别人优秀而傲慢地拒绝合作，或者合作时不积极，总倾向于一个人孤军奋战，这是十分遗憾的事，他其实可以借助其他人的力量使自己更优秀。感恩同伴，重视合作才能不断成功。

一个懂得感恩的人首先应学会同自己的团队成员和睦相处，懂得与大家分享。一个团队就好像是一部机器，每一位成员都是其中的一个零件，只有大家组合起来，将力量凝聚在一起才能发挥更大的作用。所以，始终将自己定位成团队的一部分是每一位员工所必须有的思想。

我们必须抛弃单枪匹马闯天下的英雄做法。只有把自己融入到整个团队之中，凭借集体的力量，才能把个人不能完成的棘手的问题解决。“一个篱笆三个桩，一个好汉三个帮。”在当今合作共“赢”的时代，只有依靠团队合作才能制胜。

★★★★★

刘军是一名营销专业的大学生，他不仅长得帅，而且还能说会道，口才不错。毕业后，他在一家大型健身会所当业务员。工作没多久，由于他各方面的优势，很快就做出了业绩，深得老板赏识。照理说，刘军是很有前途的，但他有个致命的缺陷，就是不愿意和同事合作。一天，同事杜涛问刘军：“你待会儿有没有时间？我刚联系到一个客户，是个大客户，打算一次性办三年的健身卡。我怕自己口才不大好‘攻’不下来，想请你帮忙，以便拿下这个客户。”“我待会儿也要接待一个客户。”刘军冷冷地说。但是那天下午，刘军却一直在发传单，并没有与客户洽谈。杜涛看到后心里非常愤恨，一心想团结周围的“兄弟”们把刘军“开除”出去。

不久后，刘军也遇到了工作上的困难，因为感冒，他几天都无法接待办卡客户，便赶紧打电话请杜涛帮忙接待一下。杜涛想起了他以前的冷漠，便以牙还牙，而其他同事也对刘军的客户爱理不理。几天后，刘军感冒好了，回到公司后发现业绩损失很大，于是他对同事们产生了更大的怨恨，以后更加不愿意帮助周围的人，和杜涛等人的关系一直处于紧张状态。就这样，刘军与同事之间的人际关系形成恶性循环，业绩一步步下滑。他感受不到一点快乐，每次进会所都倍感压抑，最后只得无奈地选择了离开。

感恩同事，重视同事才能创造职场的成功。刘军的“离开”，再一次印证了一个道理：不能与团队融合，就不能在职场混下去。那种只顾自己、不顾别人的员工，是不会受老板和同事欢迎的。想要得到同事的认可、上司的欢迎，除了努力工作之外，感恩和团队精神不可或缺。如果刘军一开始就能够和同事们配合好，在杜涛需要帮助时主动帮忙，那么他的最终结果就不会那样无奈。

在公司里，只有把自己很好地和团队融为一体，才能让自己得到最好的发展。这就好比一盘散沙，尽管它金黄发亮，也仍然没有太大的作用。但是如果建筑员工把它掺在水泥中，就能成为建造高楼大厦的水泥板和水泥墩柱；如果化工厂的员工把它烧结冷却，它就变成晶莹透明的玻璃。单个人犹如沙粒，只有与人合作，才会起到意想不到的变化，成为不可思议的有用之才。

李非是一家公司的业务骨干，他喜欢看提高业务水平的书、名人传记等，但是同事们业余时间都喜欢打麻将，喜欢斗地主玩牌，喜欢炒股，喜欢上网冲浪……上下班闲来没事的时候，同事们在一起，天天谈论的是打麻将的趣事和遗憾，斗地主输赢的多少，炒股的涨跌，和网友交谈的内容等。李非虽然业务能力较强，也出了不少成绩，但因为和同事没有共同兴趣和爱好，也就显得郁郁寡欢，形影孤单。他想："我不可能为了不孤单就去迎合他们。"有了这样的想法，他处处流露出与同事们的不合群，大家也就渐渐地和他疏远了。

失意之下，李非开始反省自己。仔细分析人和事之后，他渐渐开始明白，每个同事都有自己可学习的地方，自己又不是什么大树，只不过是一颗小石子，都是给工作铺路的。于是，李非开始有意改变自己，耐心地听同事讲述身边发生的事，对同事谦和有礼。虽不迎合同事的爱好，不迎合同事的生活内容，但他明显地快乐多了、开心多了。他在包容中找到了快乐工作之道。

有一次，李非参与公司的一项策划工作，在工作小组里大家各负其责，有的负责评估，有的负责查找资料，还有的人负责外联和写报告。大家分工合作，几天内就搞定了一份三十多页的报告。当报告得到了客户首肯时，李非这才真正理解了老板常说的那句话："尽管每一个人都是最好的，但合抱在一起，才会更好。"

一个员工只有学会了感恩，他才会懂得什么时候要谦让、低调、理解、主动，他才会真正走进团队，成为团队的中坚力量。否则，他将成为团队的负担和拖累。正如IBM人力资源部经理所言："团队精神反映了一个人的素质，一个人的能力很强但团队精神不行，IBM公司也不会要这样的人。"在公司里，一个人如果不懂得取他人之长补己之短，那么就无法得到领导的赏识。相反，如果人人都能够懂得"一滴水，只有融入大海，才永远不会枯竭"，把自己充分地融入到整个团队当中，就一定能够充分发挥自己的才能，从而创造出更大的价值，实现成功的梦想！

5

感恩对手的竞争，与对手共同前进

在人生的道路上，竞争对手既是我们的挑战者，也是我们的同路人。在现代这个竞争异常激烈的社会，我们的对手往往都是各方面的能手，在与他们的竞争中，你会发现自己的提高相当迅速。既然竞争对手给予我们如此多的回报，我们难道不应该感谢我们的对手吗？

一位动物学家曾经在非洲大草原做过一项研究。他发现草原上奥兰治河两岸的羚羊虽然生存环境、食物来源都是相同的，但是河东岸的羚羊的繁殖能力要比西岸羚羊的强很多，它们的奔跑速度也要比西岸羚羊每分钟快大约 13 米。这位动物学家在奥兰治河两岸各抓了 10 只羚羊，然后将它们送到对岸。一年以后，运到东岸的羚羊经过繁殖已经增长到 14 只，而运到西岸的羚羊却只剩下 3 只。东岸的羚羊之所以繁殖力强，身体强健，是因为这里生活着它们的天敌——狼，而西岸的羚羊没有天敌，情况却越来越差。

可见，没有对手的动物常常会加速灭绝，而在对手激励下存活的动物却越挫越勇，不断繁衍壮大。人也一样，在对手的刺激之下，人们往往能激发出超凡的潜能，从而创造出人意料的成就。因此，越来越多的人开始感激竞争，不再视竞争对手为绝对的敌人，而是把竞争对手当作一面镜子用来发现自身的不足。

人生漫漫长征路中，对手是同行者，也是挑战者，它们或是有形的，抑或是无形的，有实际存在的，也有精神上的。是它们将你的人生装扮，是它们将你的心灵改变，是它们将你的微笑展露，也是它们将你的泪痕擦干。“没有岩石的拦阻，哪能激起美丽的浪花”，美丽的红花下面总有静默的绿叶，蔚蓝的天空中总有朵朵白云，每个成功后面有着无数汗水和血泪，每个强者后面也总有一帮顽强的对手。感谢对手吧！正是由于它们，你才会认识到自己的缺点，才会激发你的潜能，才会激励你不断进步，才会迫使你奋勇前进，勇攀高峰！

1936年的柏林，希特勒对12万观众宣布奥运会开始。他要借世人瞩目的奥运会，证明雅利安人种的优越。当时田径赛的最佳选手是美国的杰西·欧文斯。但德国有一位跳远项目的王牌选手卢兹·朗，希特勒希望他击败黑人杰西·欧文斯——以证明他的种族优越论。

在纳粹的报纸一致叫嚣把黑人逐出奥运会的声浪下，杰西·欧文斯参加了4个项目的角逐：100米短跑、200米短跑、4×100米接力和跳远。跳远是他的第一项比赛。

当时，希特勒亲临观战。德国人卢兹·朗顺利进入决赛。轮到杰西·欧文斯上场，他只要跳得比他最好成绩少半米就可进入决赛。第一次，他逾越跳板犯规；第二次他为了保险起见从跳板后起跳，结果跳出了从未有过的坏成绩。他一再试跑，迟疑，不敢开始最后的一跃。

这时，一个瘦削、有着湛蓝眼睛的雅利安种德国运动员走近杰西·欧文斯，他用生硬的英语介绍自己。其实他不用自我介绍，没人不认识他——卢兹·朗。卢兹·朗结结巴巴的英文和露齿的笑容松弛了杰西·欧文斯全身紧绷的神经。卢兹·朗告诉杰西·欧文斯，最重要的是取得决赛的资格。他说他去年也曾遭遇同样情形，用了一个小诀窍解决了困难。果然是个小诀窍，他取下杰西·欧文斯的毛巾放在起跳板后数英寸处，从那个地方起跳就不会偏失太多了。杰西·欧文斯照做，几乎打破了奥运纪录。几天后决赛时，卢兹·朗破了世界纪录，但随后杰西·欧文斯以些微优势胜了他。

据说当时贵宾席上的希特勒脸色铁青，看台上也一片沉静。这时，卢兹·朗跑到杰西·欧文斯站的地方，把他推到聚集了12万德国人的看台前，举起他的手高声喊道："杰西·欧文斯！杰西·欧文斯！杰西·欧文斯！"看台上经过一阵难挨的沉默后，忽然齐声爆发："杰西·欧文斯！杰西·欧文斯！杰西·欧文斯！"此情此景让杰西·欧文斯举起另一只手来答谢。

等观众安静下来后，他举起卢兹·朗的手朝向天空，大声地喊道："卢兹·朗！卢兹·朗！卢兹·朗！"全场观众也同声响应："卢兹·朗！卢兹·朗！卢兹·朗！"

没有诡谲的政治，没有人种的优劣，没有金牌的得失，选手和观众都沉浸在君子之争的感动里。

杰西·欧文斯在那次奥运会上荣获四枚金牌，被誉为世界上最伟大的运动员之一。

多年后杰西·欧文斯回忆说，是卢兹·朗帮助他赢得四枚金牌，而且使他知道，单纯而充满关怀的人类之爱，是真正永不磨灭的运动员精神。

★★★★★

竞争是生物的天性，但竞争不一定就意味着尔虞我诈。竞争对手不应有冤家路窄之感，而应友善相处，豁然大度。如此才能胜不傲，败不馁，共同提高。

一个没有竞争对手的世界是寂寞的，一切都会死气沉沉。没有对比就没有发展和提高，社会的进步也将因此停滞，人们的希望也会开始变得迷茫。因此，竞争对手非常重要。我们应该勇敢地向竞争对手说一声“谢谢”。对手每时每刻都会陪伴在我们左右，我们能做的不是抱怨和逃避，而是与竞争对手共同前进，共同创造成功的人生。

6

回报所有的恩情，收获成功和幸福的人生

知恩图报是做人的优秀品质。有许多人在谈到自己成功经历时，往往过分强调个人的努力因素，忽略其他。事实上，每个成功的人，都获得过别人的许多帮助。你应该时刻感谢那些帮助你的人，感谢上天的眷顾。

生而为人，要感谢父母的恩惠，感谢国家的恩惠，感谢师长的恩惠，感谢大众的恩惠。没有父母养育、师长教诲、国家爱护、大众助益，我们何能存于天地之间呢？所以，我们要学会感恩，回报所有的恩情。

感恩才会有这个多彩的社会，感恩才会有真挚的友情，感恩才让我们懂得生命的真谛，感恩才会体会到工作所带来的欢乐。因此，我们要感谢大自然赐予我们生存的空间，感谢父母给予了我们健康的生命，感谢社会培育了我们丰富的知识，感谢公司给予了我们展现自身价值的舞台，我们要感谢所有的一切，包括那些曾经伤害过自己的人。

有这样一个故事：

天使问一位诗人："你不快乐吗？我能帮你吗？"

诗人对天使说："我什么都有，只欠一样东西，你能给我吗？"天使回答说："可以。你要什么我都可以给你。"

诗人直直地望着天使："我要的是幸福。"

这下把天使难倒了，天使想了想，说："我明白了。"

然后天使把诗人所拥有的都拿走了：天使拿走诗人的才华，毁去他的容貌，夺去他的财产和他妻子的性命。天使做完这些事后，便离去了。

一个月后，天使再回到诗人的身边，他那时已经饿得半死，衣衫褴褛地躺在地上挣扎。于是，天使又把他的一切还给他。然后，又离去了。

不久，天使再去看诗人。这次，诗人搂着妻子，不住地向天使道谢，感谢天使还给了他一切。

因为，他得到了幸福，他现在所拥有的一切就是自己最大的幸福。

这个故事告诉我们要珍惜已经拥有的东西，对自己得到的要心怀感恩。感恩才懂得珍惜，对拥有的一切心怀感激，用感恩的心去迎接生活中的美好，才能体会生命中的幸福与快乐。

英国诗人勃朗宁说："我是幸福的，因为我爱，因为我有爱。"爱是人类最美好的情感，从一出生我们就拥有了爱，它沉淀在我们每个人的心底，等着我们去挖掘、去付出。感恩，正是因为我们的心里充满了爱，我们才对别人的帮助和施与心存感激，并知恩图报，自觉地将这份爱融入工作和生活当中，同时还传递给那些需要关心和帮助的人，这就是感恩。

对于个人来说，懂得感恩是富裕的人生，它是一种深刻的感受，能够增强个人的魅力，开启神奇的力量之门，发掘出无穷的智能。感恩和慈悲是近亲。时常怀有一颗感恩的心，你会变得更加谦和，更加高尚。我们从家庭到学校，从学校到社会，重要的是要有一颗感恩之心。生活需要一颗感恩的心来创造，一颗感恩的心需要生活来滋养。常怀感恩心，一生无憾事。

★★★★★

贫困山区的一个女孩。她有幸考上重点大学，不幸的是父亲在她进校不久，遇上车祸身亡，家中无力供她上学，她十分伤心，感到幸运之神远离了她。当她准备退学回家时，社会送来了关怀，老师和同学也慷慨捐款捐物，她的消极情绪一扫而空，决心发愤图强以回报那些帮助她的人。在努力学习的岁月里，她舍不得使用这些馈赠，把它们藏在箱子里。每天打开箱子看看这些赠物，就想到自己周围有那么多的关怀、爱心，自己一定要积极进取，不负众望。她心怀感恩，终于读完了大学，还以优异的成绩留学美国。学成后她知恩图报，投身于家乡教育，培养了更多的孩子成材。

★★★★★

感恩是一个人的本能，也是一个人拥有健康性格的表现。生活、工作、学习中都会遇到别人给你帮助和关心，也许你不能一一回报，但是对他们表示感恩是必须的。做一个懂得感恩的人，怀着一颗感恩的心，用积极的态度去面对困难。没有埋怨，没有嫉妒，没有愤愤不平，你便拥有一颗从容淡泊的心，你便会拥有积极的心态，快乐和幸福的人生。

★★★★★

贝尔幼小时家境极其贫寒，迫于生计，15 岁的他到麦当劳求职。他找到麦当劳店的店长，请求给他一份工作。当时的贝尔营养不良，瘦骨嶙峋，脸上没什么血色，穿戴土里土气。店长看他这副模样，委婉地拒绝了他，说：“店里暂时不需要人手，希望你到别的地方去看看。”

过了几天，贝尔又来了，言辞更加恳切，他对店长说：“只要能工作，即使没有报酬也行。”见店长没有吭声，贝尔感到了一点希望。他小声说：“我看到厕所的卫生状态似乎不是太好，这样也许会影响您的生意，要不，安排我扫厕所吧，只要给我解决吃住就行了。”店长被贝尔的真诚打动，就答应让他先试工三个月。

经过三个月的考查后，店长正式宣布录用贝尔，并且安排他接受正规的职业培训。接着，由于贝尔工作表现突出，店长又相继把他安排在店内各个岗位进行锻炼。19 岁那年，贝尔被提升为澳大利亚最年轻的麦当劳店面经理。此后，他先后担任麦当劳澳大利亚公司总经理，亚太、中东和非洲地区总裁，欧洲地区总裁及麦当劳芝加哥总部负责人，直到后来担任管理全球麦当劳事务的执行总经理。企业是员工的发展平台，正是因为有了麦当劳这个平台，贝尔从一名厕所清洁工起步，一路扶摇直上做到了麦当劳公司的执行总经理。成功后的贝尔对麦当劳充满感激之情，在总裁坎塔卢波去世后，他临危受命，接管麦当劳，管理这个世界上最大的餐饮公司之一。最终，既发展了公司，也成就了自己。

带着一种从容坦然、喜悦的感恩之心工作，你会获取最大的成功。心怀感恩，生活里才会少一些怨恨和烦恼；心怀感恩，心灵上才会多一份宁静与安详；心怀感恩，工作中才会多一些宽容和理解；心怀感恩，我们才会更加热爱自己和他人；心怀感恩，我们才会更加珍爱亲人和朋友；心怀感恩，我们才会更加珍惜现在和将来。

学会感激生命中的一切，包括人、事、物等，这样在顺境时我们会更上一层楼，锦上添花；在逆境时我们会得到更多的援助，更快地从逆境当中发现积极因素，在危难中发现机会，反败为胜。养成感恩的生活习惯对成功大有助益。对此，我们需要做到以下几点：

第一，养成感恩的习惯。每天清晨醒来时，默默地感激已有的生活和所爱的人。

第二，一个小小的拥抱（在适当的时候）。对你深爱的人，与你共处很长时间的朋友或同事，小小的拥抱是来表达感恩很好的方式。

第三，对每一天怀有感恩。你并不需要感谢特定的某人，因为你可以感谢生活！感谢今天又是新的一天。

第四，不求回报的小小善意。不要为了私利去做好事，也不要因为善小而不为。留心一下他人，看看他喜欢什么，或者需要什么，然后帮他们做点什么（倒杯咖啡，递下茶水等）。行动强于话语，说声“谢谢”不如做一件小小善事来回报他。